U0266314

电工电子技术实验

DIANGONG DIANZI JISHU SHIYAN

彭　靳　赵世武　主编

中国科学技术大学出版社

内 容 简 介

　　本书是应用型本科院校的电工电子技术实验教材.书中结合院校的实际仪器设备,侧重于对学生实践操作能力及综合设计能力的培养,具有较强的可操作性和一定的通用性.本书首先对电类基础实验进行了概述,然后把实验分为三个部分进行编写:电工学部分、电子技术部分(模拟电路)、电子技术部分(数字电路).

　　本书主要作为电子类相关专业电工电子技术实验及电子实习课程的教材,也可作为其他行业及高等院校相关专业的实验课程教材和教学参考书.

图书在版编目(CIP)数据

　　电工电子技术实验/彭靳,赵世武主编.—合肥:中国科学技术大学出版社,2013.7
(2022.1重印)
　　ISBN 978－7－312－03236－3

　　Ⅰ.电…　　Ⅱ.①彭…　　②赵…　　Ⅲ.①电工技术—实验　　②电子技术—实验
Ⅳ.①TM-33　②TN-33

　　中国版本图书馆 CIP 数据核字(2013)第 143494 号

出版	中国科学技术大学出版社
	安徽省合肥市金寨路 96 号,230026
	http://press.ustc.edu.cn
	https://zgkxjsdxcbs.tmall.com
印刷	安徽省瑞隆印务有限公司
发行	中国科学技术大学出版社
经销	全国新华书店
开本	710 mm × 960 mm　1/16
印张	10.5
字数	206 千
版次	2013 年 7 月第 1 版
印次	2022 年 1 月第 4 次印刷
定价	20.00 元

前　言

　　本书是与"电路分析"和"电工电子技术"等课程相配套的实验教材,是按照安徽省教育厅制定的教学大纲要求编写的.自2000年以来,本书一直用于滁州学院电类专业"电路分析"课程和非电类专业"电工电子技术"课程的实验指导,经过十几届学生的使用,反复修改、充实与更新,得到广大师生的认可和赞誉.

　　本书是按照认知规律编写的,将传统的实验项目整合成基础性实验、综合性实验、设计性实验和仿真实验若干层次,可供不同的理工科专业学生选用.基础性实验设置,目的是通过实验来验证理论知识,使学生初步掌握从事科学实验的基本方法,掌握常用的电工与电子仪器的使用方法;综合性、设计性实验设置,目的是使学生通过实验建立电工技术或电子技术的工程系统构成概念,将理论知识与实践技能更好地结合;仿真实验设置,目的是使学生在实验室提供的相应条件下,借助计算机辅助分析软件,独立进行实验设计,学会使用虚拟仪器完成实验任务.

　　为使读者对电工与电子技术实验有一个整体的认识,本书在编写过程中,增加了常用电路、电工测量仪器、仪表的基本知识以及配套实验设备的使用方法,并结合实验内容增加了有关参数的测量技术和测量方法等内容.

　　本书首先对电类基础实验进行了概述,介绍电类基础实验的目的、意义、一般要求以及误差分析、仪器内阻对测量结果的影响等内容.接着把实验分为三个部分进行编写:第一部分为电工学部分,介绍与电路电工技术相关的基础性实验、综合性实验、设计性实验和仿真实验;第二部分为电子技术部分(模拟电路),介绍与其相关的实验;第三部分为电子技术部分(数字电路),介绍与其相关的实验.

　　本书由彭靳、赵世武主编,全书共26个实验,其中实验一至十五的数据由赵世武验证,实验十六至二十六的数据由彭靳验证,计算机仿真实验由彭靳设计、验证.

　　由于编者水平有限、编写时间仓促,书中难免存在疏漏和错误,恳请读者批评与指正.

编　者

2013年4月

目　　录

一、电工学部分

二、电子技术部分（模拟电路）

三、电子技术部分（数字电路）

电类基础实验概述

第一节　电类基础实验的目的和意义

实验是将事物置于特定的条件下加以观测,是对事物发展规律进行科学认识的必要环节,是科学理论的源泉、自然科学的根本、工程技术的基础.任何科学技术的发展都离不开实验.基础电子实验的任务是使学生获得电工电子技术方面的基础理论、基础知识和基本技能.加强实验训练特别是技能的训练,对提高学生分析问题和解决问题的能力,特别是实际工作能力,具有十分重要的意义.

基础实验教学在培养学生的思维能力、观测能力、表达能力、动手能力、查阅文献资料能力等综合素质方面有不可替代的作用.在实验过程中,通过分析、验证器件和电路的工作原理及功能,对电路进行分析、调试、故障排除和性能指标的测量,自行设计、制作各种功能的实际电路等多方面的系统训练,可以使学生的各种实验技能得以提高,实际工作能力也得到了锻炼.同时,通过实验还可以培养学生勤奋进取、严肃认真、理论联系实际的务实作风和为科学事业奋斗的精神,培养满足市场经济需求的具有一定实际工作能力的复合型人才.

电类基础实验包括电路分析实验、电工技术实验、模拟电路实验和数字电路实验,按性质可分为基础性实验、综合性实验和设计性实验.

(1) 基础性实验是针对于电工电子技术基础理论而设置的,通过实验获得对相关理论的感性认识.验证和巩固重要的基础理论,同时使学生掌握常用电工仪表、测量仪器的工作原理和规范使用,熟悉常用元器件的原理和性能,掌握其参数的测量方法和元器件的使用方法,掌握基本实验知识、基本实验方法和基本实验技能.同时,培养学生一定的安装、调试、分析、寻找故障等技能.

(2) 综合性实验侧重于对一些理论知识的综合运用和对实验的综合分析,其目的是培养学生综合运用理论知识的能力和解决较复杂实际问题的能力,包括实验理论的系统性,实验方案的完整性、可行性,元器件及测量仪器的综合应用等.

(3) 设计性实验对于学生来说,既有综合性又有探索性.它主要侧重于对某些理论知识的灵活应用,要求学生在教师的指导下独立完成查阅资料、设计方案和组装实验等工作,实验中借助于计算机仿真可以使实验方案更加完善、合理.

第二节　电类基础实验的一般要求

尽管每个实验项目的目的和内容不同,但为了培养良好的学风,充分发挥学生的主动精神,促使其独立思考、独立完成实验并有所创新,对电类基础实验的预习阶段、进行阶段、完成阶段和实验报告分别提出下列基本要求:

一、实验预习阶段

为了避免盲目性,参加实验者应对实验内容进行预习.通过预习,明确实验目的和要求,掌握实验的基本原理,看懂实验电路,查阅相关资料,拟出实验方法和步骤,设计实验表格,对思考题进行思考,并初步估算(或分析)实验结果.

二、实验进行阶段

(1) 参加实验者要自觉遵守《学生实验守则》和《实验室安全管理制度》.

(2) 根据实验内容合理安排实验,仪器设备和实验装置安放要适当.检查所用器件和仪器是否完好,然后按实验方案连接实验电路,认真检查、确保无误后方可通电测试.

(3) 认真记录实验条件和所得数据、波形并进行分析,判断数据、波形是否正确.若发生故障应迅速切断电源,报告指导教师或实验室有关人员,并独立思考分析,耐心寻找故障原因,进而排除故障,记录排除故障的过程和方法.

(4) 仔细领会实验内容及要求,确保实验内容完整,测量结果准确、合理.

三、实验完成阶段

实验完成后,将实验记录送给指导教师审阅签字,经教师同意后方能拆除线路,清理实验现场.

四、实验报告

实验报告是对实验工作的全面总结.作为一名工程技术人员,必须具有撰写实验报告这种技术文件的能力,做完实验后将实验结果和实验情况完整、真实地表达出来.

(一) 实验报告的内容

实验报告应包括以下几个部分:

(1) 实验目的.

(2) 实验测试电路和实验原理.

(3) 实验使用的仪器型号、主要工具.

(4) 实验具体步骤、实验原始数据及实验过程的详细情况记录.

(5) 实验结果和分析.必要时,应对实验结果进行误差分析.

(6) 实验心得.总结实验完成情况,对实验中遇到的问题进行讨论,简单叙述实验的心得和体会.

(二) 实验报告的基本要求

实验报告要求结论正确、分析合理、讨论深入、文理通顺、简明扼要、符合标准、字迹端正、图表清晰.在实验报告上还应注明课题、实验者、实验日期、使用仪器编号等内容.

第三节   误差分析与测量结果的处理

在实验过程中,由于各种原因,测量结果和待测量的客观真值之间总存在一定的差值,即测量误差.因此,分析误差产生的原因,如何减少误差使测量结果更加准确,对于实验人员及科技工作者来说是必须了解和掌握的.

一、误差的来源与分类

(一) 测量误差的来源

测量误差的来源主要有以下几个方面:

1. 仪器误差

仪器误差是指由于测量仪器本身的电气或机械等性能不完善所造成的误差.显然,消除仪器误差的方法是配备性能优良的仪器并定时对测量仪器进行校准.

2. 使用误差

使用误差也叫操作误差,是指测量过程中因操作不当而引起的误差.减小使用误差的办法是测量前仔细阅读仪器的使用说明书,严格遵守操作规程,提高实验技巧和对各种仪器的操作能力.

例如,仪表盘上的符号⊥、Ⅱ、∠60°分别表示仪表垂直位置使用、水平位置使用、与水平面倾斜成60°使用.使用时应按规定放置仪表,否则会带来误差.

3. 方法误差

方法误差也叫理论误差,是指由于使用的测量方法不完善、理论依据不严密、对某些经典测量方法作了不适当的修改、简化所产生的误差,即凡是在测量结果的表达式中没有得到反映的因素,而实际上这些因素在测量过程中又起到一定的作用所引起的误差.

例如,用伏安法测电阻时,若直接以电压值与电流值之比作为测量结果,而不计电表本身内阻的影响,就会引起误差.

(二) 测量误差的分类

测量误差按性质和特点分类,可分为系统误差、随机误差和疏失误差三大类.

1. 系统误差

系统误差是指在相同条件下重复测量同一量时,误差的大小和符号保持不变,或按照一定规律变化的误差.系统误差一般通过实验或分析方法,查明其变化规律及产生原因后,可以减少或消除.电类基础实验中的系统误差常由于测量仪器的调整不当和使用方法不当所致.

2. 随机误差

随机误差也叫偶然误差.在相同条件下多次重复测量同一量时,误差大小和符号无规律地变化所造成的误差称为随机误差.随机误差不能用实验方法消除,但从随机误差的统计规律中可以了解它的分布特性,并能对其大小及测量结果的可靠性做出估计,或通过多次重复测量,然后取其算术平均值来达到目的.

3. 疏失误差

疏失误差也叫过失误差.这种误差是由于测量者对仪器不了解或粗心,导致读数不正确而引起的,测量条件的突然变化也会引起误差.含有粗差的测量值称为坏值或异常值,必须根据统计检验方法的某些准则去判断哪个测量值是坏值,然后去除.

二、误差的表示方法

误差可以用绝对误差和相对误差来表示.

(一) 绝对误差

设被测量的真值为 A_0,测量仪器的示值为 X,则绝对误差为

$$\Delta X = |X - A_0|$$

在某一时间及空间条件下,被测量的真值虽然是客观存在的,但一般无法测得,只能尽量去逼近它.故常用高一级标准测量仪器的测量值 A 代替真值 A_0,则

$$\Delta X = |X - A|$$

在测量前,测量仪器应由高一级标准仪器进行校正,校正量常用修正值 C 表示.高一级标准仪器的示值减去测量仪器的示值所得的差值,就是修正值.实际上,修正值就是绝对误差,只是符号相反而已,即

$$C = -\Delta X = A - X$$

利用修正值便可得该仪器所测量的实际值:

$$A = X + C$$

例如,用电压表测量电压时,电压表的示值为 1.1 V,通过鉴定得出其修正值为 -0.01 V.则被测电压的真值为

$$A = 1.1 + (-0.01) = 1.09(V)$$

修正值给出的方式可以是曲线、公式或数表.对于自动测量仪器,修正值则应预先编制好,存于仪器中,测量时对误差进行自动修正,所得结果便是实际值.

(二) 相对误差

绝对误差值的大小往往不能确切地反映出被测量的准确程度.例如,在测 100 V电压时,$\Delta X_1 = +2$ V,在测 10 V 电压时,$\Delta X_2 = 0.5$ V,虽然 $\Delta X_1 > \Delta X_2$,可

实际 ΔX_1 只占被测量的 2%，而 ΔX_2 却占被测量的 5%．显然，后者的误差对测量结果的影响相对较大．因此，工程上常采用相对误差来比较测量结果的准确程度．

相对误差又分为实际相对误差、示值相对误差和引用(或满度)相对误差．

1．实际相对误差

实际相对误差用绝对误差 ΔX 与被测量的实际值 A 的比值的百分数来表示：

$$\gamma_A = \frac{\Delta X}{A} \times 100\%$$

2．示值相对误差

示值相对误差用绝对误差 ΔX 与仪器给出值 X 的百分数来表示：

$$\gamma_X = \frac{\Delta X}{X} \times 100\%$$

3．引用相对误差

引用(或满度)相对误差用绝对误差 ΔX 与仪器的满刻度值 X_m 之比的百分数来表示：

$$\gamma_m = \frac{\Delta X}{X_m} \times 100\%$$

电工仪表的准确度等级是由 γ_m 来决定的，如 1.5 级的电表，表明 $\gamma_m \leqslant \pm 1.5\%$．我国电工仪表按 γ_m 值共分七级：0.1,0.2,0.5,1.0,1.5,2.5,5.0．若某仪表的等级是 S 级，它的满刻度值为 X_m，则测量的绝对误差为

$$\Delta X \leqslant X_m \times S\%$$

其示值相对误差为

$$\gamma \leqslant \frac{X_m}{X} \times S\%$$

在上式中，总是满足 $X \leqslant X_m$ 的，可见当仪表等级 S 选定后，X 愈接近 X_m 时，γ 的上限值愈小，测量愈准确．因此，当我们使用这类仪表进行测量时，一般应使被测量的值尽可能在仪表满刻度值的 1/2 以上．

三、测量结果的处理

测量结果通常用数字或图形表示，下面分别进行讨论．

(一) 量程的选择

1．电压

不同的量程，精度也不一样．如 1 V 的电压用 2 V 的量程测量，结果为 1.02

V;用 20 V 的量程测量,结果为 1.0 V 或 9.9 V.

2. 电流

不同的量程,精度也不一样.如 5 mA 的电流用 20 mA 的量程测量结果为 5.01 mA;用 200 mA 的量程测量,结果为 5.0 mA 或 4.9 mA.

(二)示波器波形参数的选取

(1)横坐标基本波选取 0.2 ms/cm 的量程,一个周期对应五大格;选取 0.5 ms/cm 的量程,一个周期对应两大格.

(2)纵坐标选取 1 V/div 的量程,上下对应两大格;选取 0.5 V/div 的量程,上下对应四大格.

(三)测量结果的数据处理

1. 有效数字

由于存在误差,所以测量数据总是近似值,它通常由可靠数字和欠准数字两部分组成.例如,由电流表测得电流为 12.6 mA,这是一个近似数,"12"是可靠数字,而末位"6"为欠准数字,即 12.6 有三位有效数字,有效数字对测量结果的科学表述极为重要.

对有效数字的正确表示,应注意以下几点:

(1)与计量单位有关的"0"不是有效数字.例如,0.054 A 与 54 mA 这两种写法均为两位有效数字.

(2)小数点后面的"0"不能随意省略.例如,18 mA 与 18.00 mA 是有区别的,前者为两位有效数字,后者则是四位有效数字.

(3)对后面带"0"的大数目数字,不同写法其有效数字位数是不同的.例如,3 000 若写成 30×10^2,则为两位有效数字;若写成 3×10^3,则为一位有效数字;若写成 3 000±1,就是四位有效数字.

(4)如已知误差,则有效数字的位数应与误差所在位相一致,即有效数字的最后一位数应与误差所在位对齐.如仪表误差为 ±0.02 V,测得数为 3.283 2 V,其结果应写作 3.28 V.因为小数点后面第二位"8"所在位已经产生了误差,所以从小数点后面第三位开始后面的"32"已经没有意义了,结果中应舍去.

(5)当给出的误差有单位时,测量数据的写法应与其一致.如频率计的测量误差为正负数 kHz,其测得某信号的频率为 7 100 kHz,可写成 7.100 MHz 或 7 100× 10^3 Hz,若写成 7 100 000 Hz 或 7.1 MHz 是不行的,因为后者的有效数字与仪器的测量误差不一致.

2. 数据舍入规则

为了使正、负舍入误差出现的机会大致相等,现已广泛采用"小于5舍,大于5入,等于5时取偶数"的舍入规则,即:

(1) 若保留 n 位有效数字,当后面的数值小于第 n 位的0.5单位就舍去.

(2) 若保留 n 位有效数字,当后面的数值大于第 n 位的0.5单位就在第 n 位数字上加1.

(3) 若保留 n 位有效数字,当后面的数值恰为第 n 位的0.5单位,则当第 n 位数字为偶数(0,2,4,6,8)时应舍去后面的数字(即末位不变);当第 n 位数字为奇数(1,3,5,7,9)时,第 n 位数字应加1(即将末位凑成偶数).这样,由于舍入概率相同,当舍入次数足够多时,舍入的误差就会抵消.同时,这种舍入规则使有效数字的尾数为偶数的机会增多,能被除尽的机会比奇数多,有利于准确计算.

3. 有效数字的运算规则

当测量结果需要进行中间运算时,有效数字的取舍原则上取决于参与运算的各数中精度最差的那一项.一般应遵循以下规则:

(1) 当几个近似值进行加减运算时,在各数中(采用同一计量单位)以小数点后位数最少的那一个数(如无小数点,则以有效数字位数最少者)为准,其余各数均舍入至比该数多一位后再进行加减运算,结果所保留的小数点后位数,应与各数中小数点后位数最少者的位数相同.

(2) 进行乘除运算时,在各数中以有效数字位数最少的那一个数为准,其余各数及积(或商)均舍入至比该因子多一位后进行运算,而与小数点位置无关.运算结果的有效数字的位数应取舍成与运算前有效数字位数最少的因子相同.

(3) 将数平方或开方后,结果可比原数多保留一位.

(4) 用对数进行运算时,n 位有效数字的数应该用 n 位对数表示.

(5) 若计算式中出现如 e,π,$\sqrt{3}$ 等常数,可根据具体情况来决定它们应取的位数.

(四) 测量结果的曲线表示法

在分析两个或多个物理量之间的关系时,用曲线比用数字、公式表示常常更形象和直观,因此,测量结果常要用曲线来表示.在实际测量过程中,由于各种误差的影响,测量数据会出现离散现象,如把测量点直接连接起来,将不是一条光滑的曲线,而是呈折线状.但我们应用有关误差理论,可以把各种随机因素引起的曲线波动抹平,使其成为一条光滑均匀的曲线,如图0-1所示,这个过程称为曲线的修匀.

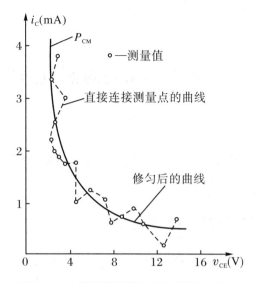

图 0-1 直线连接测量点时曲线的波动情况

在要求不太高的测量中,常采用一种简便、可行的工程方法——分组平均法来修匀曲线.这种方法是将各测量点分成若干组,每组含 2~4 个数据点,然后分别估取各组的几何重心,再将这些重心连接起来.图 0-2 就是每组取 2~4 个数据点进行平均后的修匀曲线.这条曲线由于进行了测量点的平均,在一定程度上减少了偶然误差的影响,使之较为符合实际情况.

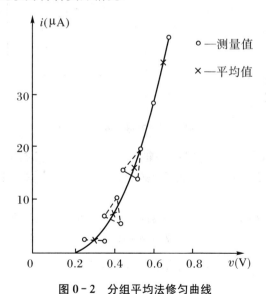

图 0-2 分组平均法修匀曲线

第四节　测量仪器的阻抗对测量结果的影响

被测电路的输入或输出阻抗与测量仪器的输入或输出阻抗,如果没有合理的匹配将造成测量误差,下面作简单叙述.

一、测量仪器和被测电路并联

以用示波器或数字电压表测量电路的电压为例,在图 0-3 中,被测电路的输出阻抗为 Z_s,电压为 $\dot{V}$.用输入阻抗为 Z_m 的示波器或者数字电压表测量时,测量点 A,B 间的电压 $\dot{V}'$ 为

$$\dot{V}' = \frac{Z_m}{Z_m + Z_s} \times \dot{V}$$

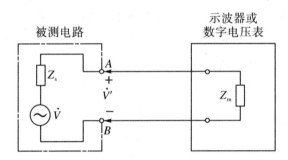

图 0-3　并联测量电路

当 $Z_m \gg Z_s$ 时,$V' \approx V$,此时误差非常小;当 $Z_m = Z_s$ 时,$V' = V/2$,指示值为实际电压的 1/2.因此,在这种情况下,必须使测量仪器的输入阻抗比被测电路的输出阻抗大很多.

另外,一般 Z_m 和 Z_s 是频率的函数(通常多是频率越高,阻抗越低),尤其在高频测量时必须要注意这一点.测量仪器和被测电路串联测量电流时,如图 0-4 所示,若未接 Z_m 前的电流为 $\dot{I}$,串接 Z_m 后的电流为 $\dot{I}'$,则

$$I(真值) = \frac{\dot{V}}{\dot{Z}_s}$$

$$i'(测量值) = \frac{i}{1 + \dfrac{Z_m}{Z_s}}$$

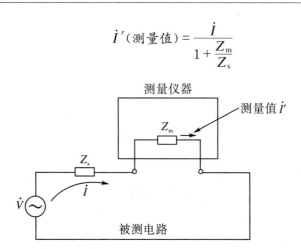

图 0-4　串联测量电路

若 $Z_m \ll Z_s$,则 $i' \approx i$,测量值近于真值;若 $Z_m = Z_s$,则 $i' = i/2$,测量指示值为真值的 1/2.因此,在这种情况下,测量仪器的输入阻抗应远小于被测电路的输出阻抗.由此可见,如果忽略了测量仪器的阻抗,会对结果产生较大影响.

二、阻抗匹配

用信号发生器进行测量时,如图 0-5 所示,当被测电路输入阻抗 Z_m 和信号发生器的输出阻抗 Z_s 相等时,称为阻抗匹配.匹配的目的在于使负载 Z_m 上得到最大功率,特别是在高频电路中,此种匹配还为了在负载端不产生反射.

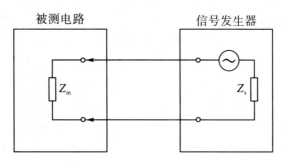

图 0-5　阻抗匹配测量

在高频、脉冲传输系统中,传输线多数采用 50 Ω,它比用 600 Ω 系统时,电抗成分影响小,因此,前沿陡的脉冲及高频的测量比较正确.

第五节　接　　地

一般电子技术中的接地有两种含义.第一种含义是指接真正的大地,即与地球保持等电位,而且常常局限于所在实验室附近的大地.对于交流供电电网的地线,通常是指三相电力变压器的中线(又称零线),它在发电厂接大地.第二种含义是指接电子测量仪器、设备、被测电路等的公共连接点.这个公共连接点通常与机壳直接连接在一起,或通过一个大电容(有时还并联一个大电阻——有形或无形的)与机壳相连(这在交流意义上也相当于短路).因此,至少在交流意义上,可以把一个测量系统中的公共连接点,即电路的地线与仪器或设备的机壳看作同义语.

研究接地问题应包括两方面的内容:保证实验者人身安全的安全接地和保证正常实验、抑制噪声的技术接地.

一、安全接地

绝大多数实验室所用的测量仪器和设备都由 50 Hz,220 V 的交流电网供电,供电线路的中线(零线)已经在发电厂用良导体接大地,另一根为相线(又称为火线).如果仪器或设备长期处于湿度较高的环境或长期受潮、变压器质量低劣等,变压器的绝缘电阻就会明显下降.通电后,若人体接触机壳就有可能触电.为了防止因漏电使仪器外壳带电,造成人身事故,应将仪器外壳接大地.

为了避免触电事故的发生,可在通电后用试电笔检查机壳是否明显带电.一般情况下,电源变压器初级线圈两端的漏电电阻是不相同的,因此,往往把单相电源插头换个方向插入电源插座中,这样可削弱甚至消除漏电现象.比较安全的办法是采用三孔插座,如图 0-6 所示,三孔插座中的中间插孔与本实验室的地线(实验室的大地)相接,另外两个插孔,一个接 220 V 相线(火线),另一个接电网零线(中线),由于实验室的地线与电网中线的实际节点不同,二者之间存在一定的大地电阻 R_d(这个电阻还随地区、距离、季节等变化,一般是不稳定的),如图 0-7 所示.

电网零线与实验室大地之间由于存在沿线分布的大地电阻,因此不允许把电网中线与实验室地线相连.否则,零线电流会在大地电阻 R_d 上形成一个电位差.同样道理,也不能用电网零线代替实验室地线.实验室地线是将大的金属板或金属

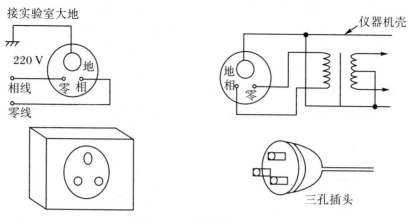

图 0-6　三孔安全插头、插座

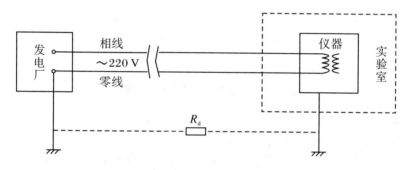

图 0-7　实验室的地线与电网间的电阻

棒深埋在实验室附近的地下并用撒食盐等办法来减小接地电阻,然后用粗导线与之焊牢再引入实验室,分别接入各电源插座的相应位置.

三孔插头中较长的一根插头应与仪器或设备的机壳相连,另外两根插头分别与仪器或设备的电源变压器的初级线圈的两端相连.利用如图 0-6 所示的电源插接方式,就可以保证仪器或设备的机壳始终与实验室大地处于同电位,从而避免触电事故.如果电子仪器或设备没有三孔插头,也可以用导线将仪器或设备的机壳与实验室大地相连.

二、技术接地

(一)接地不良引入干扰

在基础电子实验中,由信号源、被测电路和测试仪器所构成的测试系统必须具有公共的零电位线(即接地的第二种含义),被测电路、测量仪器的接地除了可以保证人身安全外,还可防止干扰或感应电压窜入测量系统或测量仪器形成相互间的干扰,以及消除人体操作的影响.接地是使测量稳定所必需的,抑制外界的干扰,保证电子测量仪器和设备能正常工作,如果接地不当,可能会产生实验者所不希望看到的结果.下面举几个常见的例子来说明.

图0-8为用晶体管毫伏表测量信号发生器输出电压时,因未接地或接地不良引入干扰的示意图.

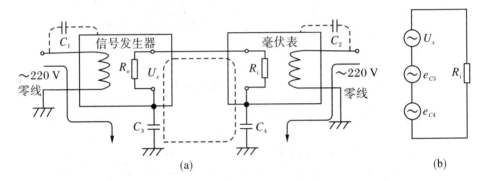

图0-8 未接地或接地不良引入干扰

在图0-8中,C_1,C_2分别为信号发生器和晶体管毫伏表的电源变压器初级线圈对各自机壳(地线)的分布电容;C_3,C_4分别为信号发生器和晶体管毫伏表的机壳对大地的分布电容.由于图中晶体管毫伏表与信号发生器的地线没有相连,因此实际到达晶体管毫伏表输入端的电压为被测电压U_x与分布电容C_3,C_4所引入的50 Hz干扰电压e_{C3},e_{C4}之和(如图0-8(b)所示).由于晶体管毫伏表的输入阻抗很高(兆欧级),故加到它上面的总电压可能很大而使毫伏表过负荷,表现为在小量程挡表头指针超量程而打表.如果将图0-8中的晶体管毫伏表改为示波器,则会在示波器的荧光屏上看到如图0-9(a)所示的干扰电压波形.将示波器的灵敏度降低,可观察到如图0-9(b)所示的一个低频信号叠加一个高频信号的信号波形,并可测出低频信号的频率为50 Hz.

如果将图0-8中的信号发生器与晶体管毫伏表的地线相连(机壳)或两地线(机壳)分别接大地,干扰就可消除.因此,对高灵敏度、高输入阻抗的电子测量仪器应养成先接好地线再进行测量的习惯.

在实验过程中,如果测量方法正确,被测电路和测量仪器的工作状态也正常,而得到的仪器读数却比预计值大得多或在示波器上看到如图0-9所示的信号波形,那么,这种现象很有可能就是由于地线接触不良所造成的.

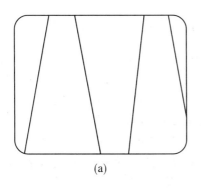
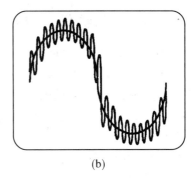

(a)　　　　　　　　　　　(b)

图 0 - 9　示波器观测 50 Hz 干扰信号波形

（二）仪器信号线与地线接反引入干扰

有的实验者认为,信号发生器输出的是交流信号,而交流信号可以不分正负,所以信号线与地线可以互换使用,其实不然.

如图 0 - 10(a)所示,用示波器观测信号发生器的输出信号,将两个仪器的信号线分别与对方的地线(机壳)相连,即两仪器不共地. C_1, C_2 分别为两仪器的电源变压器的初级线圈对各自机壳的分布电容, C_3, C_4 分别为两仪器的机壳对大地的分布电容,那么图 0 - 10(a)可以用图 0 - 10(b)来表示,图中 e_{C3}, e_{C4} 为分布电容 C_3, C_4 所引入的 50 Hz 干扰,在示波器荧光屏上所看到的信号波形叠加有 50 Hz 干扰信号,因而包络不再是平直的而是呈近似的正弦变化.

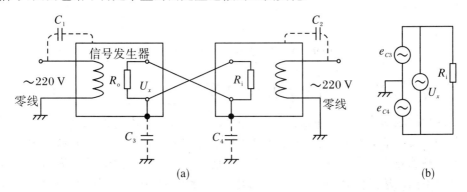

(a)　　　　　　　　　　　　　　　　　(b)

图 0 - 10　信号线与地线接反引入干扰

如果将信号发生器的输出端与示波器的地线(机壳)相连,在示波器的荧光屏上就观测不到任何信号波形,信号发生器的输出端被短路.

（三）高输入阻抗仪表输入端开路引入干扰

以示波器为例来说明这个问题. 如图 0 - 11(a)所示，C_1，C_2 分别为示波器输入端对电源变压器初级线圈和大地的分布电容；C_3，C_4 分别为机壳对电源变压器初级线圈和大地的分布电容. 此电路等效为图 0 - 11(b)，可见，这些分布参数构成一个桥路，当 $C_1 C_4 = C_2 C_3$ 时，示波器的输入端无电流流过. 但是，对于分布参数来说，一般不可能满足 $C_1 C_4 = C_2 C_3$，因此示波器的输入端就有 50 Hz 的市电电流流过，荧光屏上就有 50 Hz 交流电压信号显示. 如果将示波器换成晶体管毫伏表，毫伏表的指针就会指示出干扰电压的大小. 正是由于这个原因，毫伏表在使用完毕后，必须将其量程旋钮置于 3 V 以上挡位，并使输入端短路，否则，一开机，毫伏表的指针就会出现超量程现象.

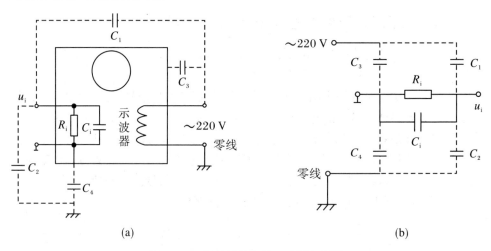

(a)   (b)

图 0 - 11　示波器输入端开路引入干扰

（四）接地不当将被测电路短路

这个问题在使用双踪示波器时尤其应注意. 如图 0 - 12 所示，由于双踪示波器两路输入端的地线都是与机壳相连的，因此，在图 0 - 12(a)中，示波器的第一路（CH1）观测被测电路的输入信号，连接方式是正确的，而示波器的第二路（CH2）观测被测电路的输出信号，连接方式是错误的，导致了被测电路的输出端被短路. 在图 0 - 12(b)中，示波器的第二路（CH2）观测被测电路的输出信号，连接方式是正确的，而示波器的第一路（CH1）观测被测电路的输入信号，连接方式是错误的，导致了被测电路的输入端被短路.

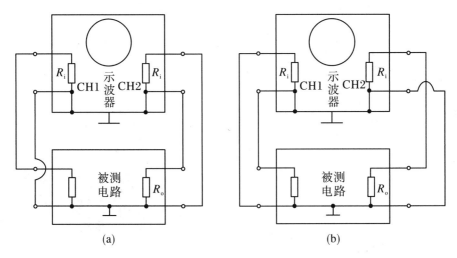

图 0 - 12　接地不当情况

　　此外,接地时应避免多点接地,而采取一点接地方法,以排除对测量结果的干扰而产生测量误差.尤其当多个测量仪器间有两点以上接地时更需注意.如果实验室电源有地线,此项干扰可以排除,否则,由于两处接地,工作电流在各接地点间产生电压降或在接地点间产生电磁感应电压,这些原因也会造成测量上的误差.为此,必须采取一点接地措施.

　　在测量放大器的放大倍数或观察其输入、输出波形关系时,也要强调放大器、信号发生器、晶体管毫伏表以及示波器实行共地测量,以此来减小测量误差与干扰.

一、电工学部分

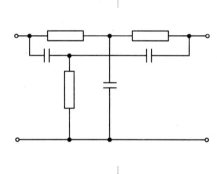

实验一　电路元件伏安特性曲线的测绘

一、实验目的

（1）学会识别常用电路元件的方法.
（2）掌握线性电阻、非线性电阻元件伏安特性曲线的测绘.
（3）掌握实验台上直流电工仪表和设备的使用方法.

二、实验设备

序号	名称	型号与规格	数量	备注
1	可调直流稳压电源	0～30 V	1	DG04
2	万用表	FM－47 或其他	1	自备
3	直流数字毫安表	0～200 mA	1	D31
4	直流数字电压表	0～200 V	1	D31
5	二极管	IN4007	1	DG09
6	稳压二极管	2CW51	1	DG09
7	白炽灯	12 V,0.1 A	1	DG09
8	线性电阻器	200 Ω,510 Ω/8 W	1	DG09

三、实验原理

任何一个二端元件的特性可用该元件上的端电压 U 与通过该元件的电流 I 之间的函数关系 $I = f(U)$ 来表示,即用 I - U 平面上的一条曲线来表征,这条曲线称为该元件的伏安特性曲线.

(1) 线性电阻器的伏安特性曲线是一条通过坐标原点的直线,如图 1-1 中 a 所示,该直线的斜率等于该电阻器的电阻值.

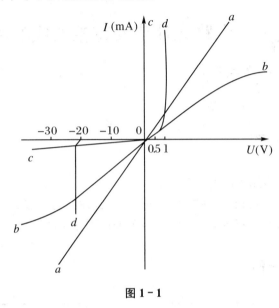

图 1-1

(2) 一般的白炽灯在工作时灯丝处于高温状态,其灯丝电阻随着温度的升高而增大.通过白炽灯的电流越大,其温度越高,阻值也越大,一般灯泡的"冷电阻"与"热电阻"的阻值可相差几倍至十几倍,所以它的伏安特性曲线如图 1-1 中 b 所示.

(3) 一般的半导体二极管是一个非线性电阻元件,其伏安特性曲线如图 1-1 中 c 所示.正向压降很小(一般的锗管约为 0.2～0.3 V,硅管约为 0.5～0.7 V),正向电流随正向压降的升高而急骤上升,而当反向电压从零一直增加到几十伏时,其反向电流增加很小,粗略地可视为零.可见,二极管具有单向导电性,但若反向电压加得过高,超过管子的极限值,则会导致管子被击穿损坏.

(4) 稳压二极管是一种特殊的半导体二极管,其正向特性曲线与普通二极管相似,但反向特性曲线较特别,如图 1-1 中 d 所示.在反向电压开始增加时,其反向电流几乎为零,但当电压增加到某一数值时(称为管子的稳压值,有各种不同稳压值的稳压管)电流将突然增加,以后它的端电压将基本维持恒定,当外加的反向电压继续升高时其端电压仅有少量增加.

注意:流过二极管或稳压二极管的电流不能超过管子的极限值,否则管子会被烧坏.

四、实验内容

(一)测定线性电阻器的伏安特性

按图1-2接线,调节稳压电源的输出电压U,从0V开始缓慢地增加,一直到10V,记下相应的电压表和电流表的读数U_R,I并填入表1-1中.

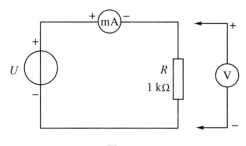

图1-2

表1-1

U_R(V)	0	2	4	6	8	10
I(mA)						

(二)测定非线性白炽灯泡的伏安特性

将图1-2中的R换成一只12V,0.1A的灯泡,重复实验内容(一).U_L为灯泡的端电压.实验数据记录在表1-2中.

表1-2

U_L(V)	0.1	0.5	1	2	3	4	5
I(mA)							

(三)测定半导体二极管的伏安特性

按图1-3接线,R为限流电阻器.测二极管的正向特性时,其正向电流不得超过35mA,二极管D的正向施压U_{D+}可在0~0.75V之间取值.在0.5~0.75V之间应多取几个测量点.测反向特性时,只需将图1-3中的二极管D反接,且其反向施压U_{D-}可达30V.

将正向特性实验数据填入表 1-3 中.

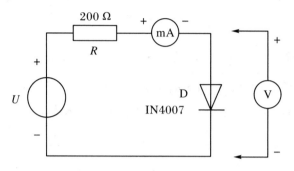

图 1-3

表 1-3

U_{D+} (V)	0.10	0.30	0.50	0.55	0.60	0.65	0.70	0.75
I(mA)								

将反向特性实验数据填入表 1-4 中.

表 1-4

U_{D-} (V)	0	-5	-10	-15	-20	-25	-30
I(mA)							

（四）测定稳压二极管的伏安特性

1. 正向特性实验

将图 1-3 中的二极管换成稳压二极管 2CW51,重复实验内容（三）中的正向测量.U_{Z+} 为 2CW51 的正向施压.实验数据填入表 1-5 中.

表 1-5

U_{Z+} (V)						
I(mA)						

2. 反向特性实验

将图 1-3 中的 R 换成 510 Ω,2CW51 反接,测量 2CW51 的反向特性.稳压电源的输出电压 $U_。$ 为 0～20 V,测量 2CW51 两端的电压 U_{Z-} 及电流 I,由 U_{Z-} 可看出其稳压特性.实验数据填入表 1-6 中.

表 1 - 6

U_{o}(V)						
$U_{\text{Z}-}$(V)						
I(mA)						

五、实验注意事项

（1）测量二极管正向特性时，稳压电源输出应由小至大逐渐增加，并要时刻注意电流表读数，不得超过 35 mA.

（2）若要测定 2AP9 的伏安特性，则正向特性的电压值应取 0，0.10，0.13，0.15，0.17，0.19，0.21，0.24，0.30(V)，反向特性的电压值应取 0，2，4，6，8，10(V).

（3）进行不同实验时，应先估算电压和电流值，合理选择仪表的量程，勿使仪表超量程，仪表的极性亦不可接错.

六、实验报告要求

（1）根据各实验数据，分别在方格纸上绘制出光滑的伏安特性曲线.（其中二极管和稳压管的正、反向特性均要求画在同一张图中，正、反向电压可取为不同的比例尺.）

（2）根据实验结果，总结、归纳被测各元件的特性.

（3）必要的误差分析.

（4）心得体会及其他.

七、实验思考题

（1）线性电阻与非线性电阻的概念是什么？电阻器与二极管的伏安特性有何区别？

（2）设某器件伏安特性曲线的函数式为 $I = f(U)$，试问在逐点绘制曲线时，其坐标变量应如何放置？

（3）稳压二极管与普通二极管有何区别？其用途如何？

（4）在图 1 - 3 中，设 $U = 2$ V，$U_{\text{D}+} = 0.7$ V，则毫安表读数为多少？

实验二　叠加原理的验证

一、实验目的

验证线性电路叠加原理的正确性,加深对线性电路的叠加性和齐次性的认识与理解.

二、实验设备

序号	名称	型号与规格	数量	备注
1	直流稳压电源	0~30 V,可调	二路	DG04
2	万用表		1	自备
3	直流数字电压表	0~200 V	1	D31
4	直流数字毫安表	0~200 mV	1	D31
5	叠加原理实验电路板		1	DG05

三、实验原理

叠加原理指出:在多个独立源共同作用下的线性电路中,通过每一个元件的电流或其两端的电压,可以看成是由每一个独立源单独作用时在该元件上所产生的电流或电压的代数和.

线性电路的齐次性是指当激励信号(某独立源的值)增加 K 倍或减小为 $1/K$ 时,电路的响应(即在电路中各电阻元件上所建立的电流和电压值)也将增加 K 倍或减小为 $1/K$.

四、实验内容

实验线路如图 2-1 所示,为 DG05 挂箱的"基尔夫定律/叠加原理"线路.

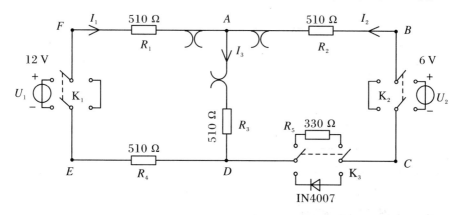

图 2-1 三孔安全插头、插座

(1) 将两路稳压源的输出分别调节为 12 V 和 6 V,接入 U_1 和 U_2 处.

(2) 令 U_1 电源单独作用(将开关 K_1 投向 U_1 侧,开关 K_2 投向短路侧).用直流数字电压表和毫安表(接电流插头)测量各支路电流及各电阻元件两端的电压,数据记入表 2-1 中.

表 2-1

测量项目 实验内容	U_1 (V)	U_2 (V)	I_1 (mA)	I_2 (mA)	I_3 (mA)	U_{AB} (V)	U_{CD} (V)	U_{AD} (V)	U_{DE} (V)	U_{FA} (V)
U_1 单独作用										
U_2 单独作用										
U_1,U_2 共同作用										
$2U_2$ 单独作用										

(3) 令 U_2 电源单独作用(将开关 K_1 投向短路侧,开关 K_2 投向 U_2 侧),重复实验内容(2)的测量并记录,数据记入表 2-1 中.

(4) 令 U_1 和 U_2 共同作用(开关 K_1 和 K_2 分别投向 U_1 和 U_2 侧),重复上述的测量和记录,数据记入表 2-1 中.

(5) 将 U_2 的数值调至 +12 V,重复上述第 3 项的测量并记录,数据记入表 2-1 中.

(6) 将 R_5(330 Ω)换成二极管 IN4007(即将开关 K_3 置向二极管 IN4007 侧)，重复实验内容(1)～(5)的测量过程，数据记入表 2-2 中.

(7) 任意按下某个故障设置按键，重复实验内容(4)的测量和记录，再根据测量结果判断出故障的性质.

表 2-2

测量项目 实验内容	U_1 (V)	U_2 (V)	I_1 (mA)	I_2 (mA)	I_3 (mA)	U_{AB} (V)	U_{CD} (V)	U_{AD} (V)	U_{DE} (V)	U_{FA} (V)
U_1 单独作用										
U_2 单独作用										
U_1,U_2 共同作用										
$2U_2$ 单独作用										

五、实验注意事项

(1) 用电流插头测量各支路电流，或者用电压表测量电压降时，应注意仪表的极性，正确判断测得值的正、负号后，记入相应数据表格中.

(2) 注意仪表量程的及时更换.

六、实验报告要求

(1) 根据实验数据表格，进行分析、比较、归纳、总结实验结论，即验证线性电路的叠加性与齐次性.

(2) 各电阻器所消耗的功率能否用叠加原理计算得出？试用上述实验数据，进行计算并作结论.

(3) 根据实验内容(6)及分析表 2-2 中的数据，你能得出什么样的结论？

(4) 心得体会及其他.

七、实验思考题

(1) 在叠加原理实验中，若令 U_1，U_2 分别单独作用，应如何操作？可否直接将不作用的电源(U_1 或 U_2)短接置零？

(2) 在实验电路中，若将其中一个电阻器改为二极管，试问叠加原理的叠加性与齐次性还成立吗？为什么？

实验三　戴维南定理和诺顿定理的验证
——有源二端网络等效参数的测定

一、实验目的

（1）验证戴维南定理和诺顿定理的正确性,加深对这两个定理的理解.
（2）掌握测量有源二端网络等效参数的一般方法.

二、实验设备

序号	名称	型号与规格	数量	备注
1	可调直流稳压电源	0～30 V	1	DG04
2	可调直流恒流源	0～500 mA	1	DG04
3	直流数字电压表	0～200 V	1	D31
4	直流数字毫安表	0～200 mA	1	D31
5	万用表		1	自备
6	可调电阻箱	0～99 999.9 Ω	1	DG09
7	电位器	1 kΩ/2 W	1	DG09
8	戴维南定理实验电路板		1	DG05

三、实验原理

（一）戴维南定理和诺顿定理

任何一个线性含源网络,如果仅研究其中一条支路的电压和电流,则可将电路的其余部分看作一个有源二端网络(或称为含源一端口网络).

戴维南定理指出:任何一个线性有源网络,总可以用一个电压源与一个电阻的串联来等效代替,此电压源的电动势 U_s 等于这个有源二端网络的开路电压 U_{oc},

其等效内阻 R_0 等于该网络中所有独立源均置零(理想电压源视为短接,理想电流源视为开路)时的等效电阻.

诺顿定理指出:任何一个线性有源网络,总可以用一个电流源与一个电阻的并联组合来等效代替,此电流源的电流 I_s 等于这个有源二端网络的短路电流 I_{sc},其等效内阻 R_0 定义同戴维南定理.

$U_{oc}(U_s)$ 和 R_0 或者 $I_{sc}(I_s)$ 和 R_0 称为有源二端网络的等效参数.

(二) 有源二端网络等效参数的测量方法

1. 开路电压法、短路电流法测 R_0

在有源二端网络输出端开路时,用电压表直接测其输出端的开路电压 U_{oc},然后再将其输出端短路,用电流表测其短路电流 I_{sc},则等效内阻为

$$R_0 = \frac{U_{oc}}{I_{sc}}$$

如果二端网络的内阻很小,若将其输出端口短路则易损坏其内部元件,因此不宜使用此法.

2. 伏安法测 R_0

用电压表、电流表测出有源二端网络的外特性曲线,如图 3-1 所示.根据外特性曲线求出斜率 $\tan \varphi$,则内阻

$$R_0 = \tan \varphi = \frac{\Delta U}{\Delta I} = \frac{U_{oc}}{I_{sc}}$$

也可以先测量开路电压 U_{oc},再测量电流为额定值 I_N 时的输出端电压值 U_N,则内阻为

$$R_0 = \frac{U_{oc} - U_N}{I_N}$$

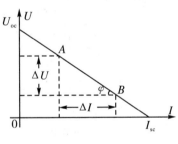

图 3-1

3. 半电压法测 R_0

如图 3-2 所示,当负载电压为被测网络开路电压的一半时,负载电阻(由电阻箱的读数确定)即为被测有源二端网络的等效内阻值.

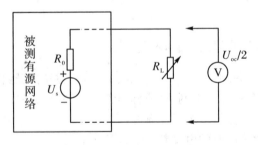

图 3-2

4. 零示法测 U_{OC}

在测量具有高内阻有源二端网络的开路电压时,用电压表直接测量会造成较大的误差.为了消除电压表内阻的影响,往往采用零示法测量,如图 3-3 所示.

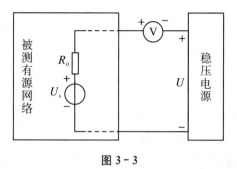

图 3-3

零示法测量原理是用一低内阻的稳压电源与被测有源二端网络进行比较,当稳压电源的输出电压与有源二端网络的开路电压相等时,电压表的读数将为"0".然后将电路断开,测量此时稳压电源的输出电压,即为被测有源二端网络的开路电压.

四、实验内容

被测有源二端网络如图 3-4(a)所示.

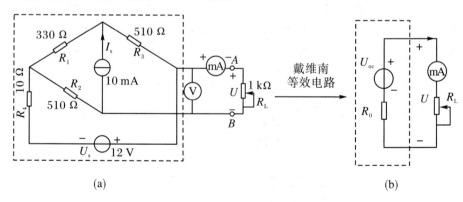

(a)

(b)

图 3-4

(1)用开路电压法、短路电流法测定戴维南等效电路的 U_{OC},R_0 和诺顿等效电路的 I_{SC},R_0.按图 3-4(a)接入稳压电源 $U_s = 12$ V 和恒流源 $I_s = 10$ mA,不接入 R_L.测出 U_{OC} 和 I_{SC},并计算出 R_0(测 U_{OC} 时,不接入毫安表).将实验数据记入表 3-1 中.

表 3-1

U_{oc}(V)	I_{sc}(mA)	$R_0 = U_{oc}/I_{sc}$(Ω)

(2) 负载实验.按图 3-4(a)接入 R_L.改变 R_L 阻值,测量有源二端网络的外特性曲线.实验数据记入表 3-2 中.

表 3-2

U(V)								
I(mA)								

(3) 验证戴维南定理.从电阻箱上取得按实验内容(1)所得的等效电阻 R_0 之值,然后令其与直流稳压电源(调到实验内容(1)时所测得的开路电压 U_{oc} 之值)相串联,如图 3-4(b)所示,仿照实验内容(2)测其外特性,对戴维南定理进行验证.实验数据记入表 3-3 中.

表 3-3

U(V)								
I(mA)								

(4) 验证诺顿定理.从电阻箱上取得按实验内容(1)所得的等效电阻 R_0 之值,然后令其与直流恒流源(调到实验内容(1)时所测得的短路电流 I_{sc} 之值)相并联,如图 3-5 所示,仿照实验内容(2)测其外特性,对诺顿定理进行验证.实验数据记入表 3-4 中.

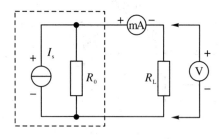

图 3-5

表 3-4

U(V)								
I(mA)								

（5）有源二端网络等效电阻（又称入端电阻）的直接测量法，见图 3-4（a）. 将被测有源网络内的所有独立源置零（去掉电流源 I_s 和电压源 U_s，并在原电压源所接的两点用一根短路导线相连），然后用伏安法或者直接用万用表的欧姆挡去测定负载 R_L 开路时 A,B 两点间的电阻，此即为被测网络的等效内阻 R_0，或称网络的入端电阻 R_i.

（6）用半电压法和零示法测量被测网络的等效内阻 R_0 及其开路电压 U_{oc}. 线路及数据表格自拟.

五、实验注意事项

（1）测量时应注意电流表量程的更换.

（2）实验内容（5）中，电压源置零时不可将稳压源短接.

（3）用万用表直接测 R_0 时，网络内的独立源必须先置零，以免损坏万用表. 另外，欧姆挡必须经调零后再进行测量.

（4）用零示法测量 U_{oc} 时，应先将稳压电源的输出调至接近于 U_{oc}，再按图 3-3 进行测量.

（5）改接线路时，要关掉电源.

六、实验报告要求

（1）根据实验内容（2）、（3）、（4）分别绘制曲线，验证戴维南定理和诺顿定理的正确性，并分析产生误差的原因.

（2）将根据实验内容（1）、（5）、（6）的几种方法测得的 U_{oc} 和 R_0 与预习时计算的结果作比较，你能得出什么结论？

（3）归纳、总结实验结果.

（4）心得体会及其他.

七、实验思考题

（1）在求戴维南或诺顿等效电路时，做短路实验，测 I_{sc} 的条件是什么？在本实验中可否直接做负载短路实验？请在实验前对线路 3-4（a）预先做好计算，以便调整实验线路及测量时可准确地选取电表的量程.

（2）说明测有源二端网络开路电压及等效内阻的几种方法，并比较其优缺点.

实验四　典型电信号的观察与测量

一、实验目的

(1) 熟悉低频信号发生器、脉冲信号发生器各旋钮、开关的作用及使用方法.
(2) 掌握用示波器定量测量电压峰—峰值、周期、频率和相位的方法.
(3) 初步掌握示波器、信号发生器的使用.

二、实验设备

序号	名称	型号与规格	数量	备注
1	双踪示波器		1	
2	低频、脉冲信号发生器		1	DG03
3	交流毫伏表	0～600 V	1	D83
4	频率计		1	DG03

三、实验原理

(1) 示波器作为一种实用的时域仪器,可用来观察电信号的波形,并定量测试被测信号的幅度、频率、周期、相位和脉宽等参数.电路实验常用的信号发生器是函数信号发生器,它能产生正弦波、方波、三角波、锯齿波和脉冲波等信号.

(2) 正弦交流信号和方波脉冲信号是常用的电激励信号,可分别由低频信号发生器和脉冲信号发生器提供.正弦信号的波形参数是幅值 U_m、周期 T(或频率 f)和初相;脉冲信号的波形参数是幅值 U_m、周期 T 及脉宽 t_k.本实验装置能提供频率范围为 1 Hz～1 MHz 的正弦波及方波,并有 6 位 LED 数码管显示信号的频率.正弦波的幅度值在 0～5 V 之间连续可调,方波的幅度值在 1～3.8 V 之间可调.

(3) 双踪示波器可以同时观察和测量两个信号的波形和参数,是一种信号图形观测仪器,可测出电信号的波形参数.从荧光屏的 Y 轴刻度尺并结合其量程分挡(Y 轴输入电压灵敏度 V/div 分挡)选择开关读得电信号的幅值;从荧光屏的 X 轴刻度尺并结合其量程分挡(时间扫描速度 t/div 分挡)选择开关,读得电信号的周期、脉宽、相位差等参数.为了完成对各种不同波形、不同要求的观察和测量,它还有一些其他的调节和控制旋钮,希望在实验中加以摸索和掌握.

四、实验内容

(一)双踪示波器的自检

熟悉示波器和信号发生器面板上各主要开关、旋钮的作用,分别将示波器两探头短接到校标准端口,调节辉度、聚焦、X 轴位移和 Y 轴位移等旋钮于适当位置,使荧光屏上出现两条亮度适中的水平线.

稍后,协调地调节示波器面板上的"辉度"、"聚焦"、"辅助聚焦"、"X 轴位移"、"Y 轴位移"等旋钮,使在荧光屏的中心部分显示出线条细而清晰、亮度适中的方波波形;将示波器的 Y 通道灵敏度(V/div)及扫描速度"t/cm"旋钮置于"校准"位置,通过选择幅度和扫描速度,并将它们的微调旋钮旋至"校准"位置,从荧光屏上读出该"标准信号"的幅值与频率,并与标称值(2 V,1 kHz)作比较,如相差较大,请指导老师给予校准.测量其电压峰—峰值及周期,比较测试值与示波器给出的标准值,并将结果记入表 4-1 中.

表 4-1 示波器自检

	Y 轴(峰—峰值)		X 轴(一个周期格数)	
	0.5 V/div	1 V/div	0.2 ms/cm	0.5 ms/div
应显示格数				
实际显示格数				
校验结论				

(二)正弦波信号的观测

(1) 将示波器的幅度和扫描速度微调旋钮旋至"校准"位置.

(2) 通过电缆线,将信号发生器的正弦波输出口与示波器的 Y_A 插座相连.

(3) 接通信号发生器的电源,选择正弦波输出.通过相应调节,使输出频率分别为 1 kHz,2 kHz 和 20 kHz(由频率计读得);再使输出幅值分别为有效值 1 V,2 V(由交流毫伏表读得).调节示波器 Y 轴和 X 轴的偏转灵敏度至合适的位置,从荧光屏上读得幅值及周期,记入表4-2中.

(4) 调节信号源的输出幅度为1.0 V(用毫伏表测量信号源输出的有效值),分别观测1 kHz,2 kHz方波及正弦波的波形参数.用示波器测量信号发生器输出信号的峰—峰值、周期、频率,将观察到的正弦波的波形参数结果记入表4-2中.

表4-2 峰—峰值、周期的测量

1 kHz 正弦 信号	交流电压表读数(V)	示波器测量						
		轴(峰—峰值)(V)			计算有效值(V)	周期(ms)		计算频率(Hz)
		V/div 挡	格数	结果		ms/cm 挡	格数	结果

(5) 按图4-1接线,用示波器观察$\dot{U}_{AO}$与$\dot{U}_{BO}$的波形,并测量它们之间的相位差,将结果填入表4-3中.

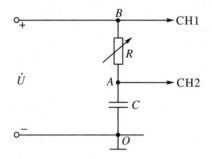

图4-1 测量 RC 电路的相位差

表4-3 测量 RC 电路的相位差

$R(\Omega)$	$C(\mu F)$	$\dot{U}_{BO}$与$\dot{U}_{AO}$的相位差	
		φ	波形
2 000	0.1		
1 000	0.1		

五、实验注意事项

(1) 示波器的辉度不要过亮.

(2) 调节仪器旋钮时,动作不要过快、过猛.

(3) 调节示波器时,要注意触发开关和电平调节旋钮的配合使用,以使显示的波形稳定.

（4）做定量测定时,"t/div"和"V/div"的微调旋钮应旋置"标准"位置.

（5）为防止外界干扰,信号发生器的接地端与示波器的接地端要相连(称共地).

（6）不同品牌的示波器,各旋钮、功能的标注不尽相同,实验前请仔细阅读所用示波器的说明书.

（7）实验前应认真阅读信号发生器的使用说明书.

六、实验报告要求

（1）整理实验中显示的各种波形,绘制有代表性的波形.

（2）总结实验中所用仪器的使用方法及观测电信号的方法.

（3）如用示波器观察正弦信号时,荧光屏上出现如图4-2所示的几种情况,试说明测试系统中哪些旋钮的位置不对? 应如何调节?

（4）心得体会及其他.

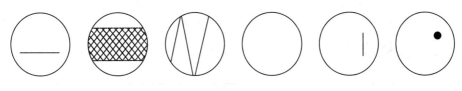

图 4-2

七、实验思考题

（1）示波器面板上"t/div"和" V/div"的含义是什么?

（2）观察本机"标准信号"时,要在荧光屏上得到两个周期的稳定波形,而幅度要求为五格,试问 Y 轴电压灵敏度应置于哪一挡位置?"t/div"又置于哪一挡位置?

（3）应用双踪示波器观察到如图4-3所示的两个波形,Y_A 和 Y_B 轴的"V/div"的指示均为 0.5 V,"t/div"指示为 0.2 μs,试写出这两个波形信号的波形参数.

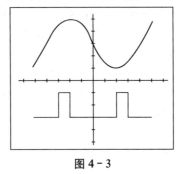

图 4-3

实验五　RC 一阶电路的响应测试

一、实验目的

(1) 测定 RC 一阶电路的零输入响应、零状态响应及完全响应.
(2) 学习电路时间常数的测量方法.
(3) 掌握有关微分电路和积分电路的概念.
(4) 进一步学会用示波器观测波形.

二、实验设备

序号	名称	型号与规格	数量	备注
1	函数信号发生器		1	DG03
2	双踪示波器		1	自备
3	动态电路实验板		1	DG07

三、实验原理

(1) 动态网络的过渡过程是一个十分短暂的单次变化过程.要用普通示波器观察过渡过程和测量有关的参数,就必须使这种单次变化的过程重复出现.为此,我们利用信号发生器输出的方波来模拟阶跃激励信号,即以方波的上升沿作为零状态响应的正阶跃激励信号;利用方波的下降沿作为零输入响应的负阶跃激励信号.只要选择方波的重复周期远大于电路的时间常数 τ,那么电路在这样的方波序列脉冲信号的激励下,它的响应就和直流电接通与断开的过渡过程是基本相同的.

(2) 如图 5-1(b)所示的 RC 一阶电路的零输入响应和零状态响应分别按指数规律衰减和增长,其变化的快慢决定于电路的时间常数 τ.

(3) 时间常数 τ 的测定方法.

用示波器测量零输入响应的波形如图 5-1(a)所示.

根据一阶微分方程的求解得 $u_C = U_m \mathrm{e}^{-t/RC} = U_m \mathrm{e}^{-t/\tau}$. 当 $t = \tau$ 时，$u_C(\tau) = 0.368\,U_m$. 此时所对应的时间就等于 τ. 亦可用零状态响应波形增加到 $0.632\,U_m$ 所对应的时间测得，如图 5-1(c) 所示.

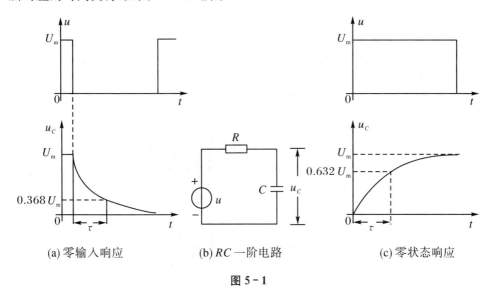

(a) 零输入响应　　　　　(b) RC 一阶电路　　　　　(c) 零状态响应

图 5-1

（4）微分电路和积分电路是 RC 一阶电路中较典型的电路，它对电路元件参数和输入信号的周期有着特定的要求. 一个简单的 RC 串联电路，在方波序列脉冲的重复激励下，当满足 $\tau = T/2$ 时（T 为方波脉冲的重复周期），且由 R 两端的电压作为响应输出，则该电路就是一个微分电路. 因为此时电路的输出信号电压与输入信号电压的微分成正比，如图 5-2(a) 所示. 利用微分电路可以将方波转变成尖脉冲.

若将图 5-2(a) 中的 R 与 C 位置调换一下，如图 5-2(b) 所示，由 C 两端的电压作为响应输出，且当电路的参数满足 $\tau = RC \gg T/2$，该 RC 电路称为积分电路，因为此时电路的输出信号电压与输入信号电压的积分成正比. 利用积分电路可以将方波转变成三角波.

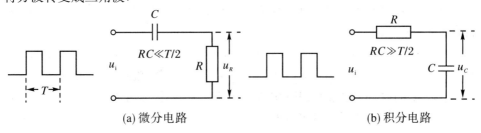

(a) 微分电路　　　　　　　　　(b) 积分电路

图 5-2

从输入输出波形来看,上述两个电路均起着波形变换的作用,请在实验过程中仔细观察与记录.

四、实验内容

实验线路板的器件组件,如图 5-3 所示,请认清 R,C 元件的布局及其标称值、各开关的通断位置等.

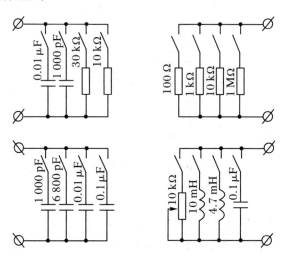

图 5-3 动态电路、选频电路实验板

(1) 从电路板上选 $R=10\ \text{k}\Omega$,$C=6\ 800\ \text{pF}$ 组成如图 5-1(b)所示的 RC 充放电电路. u_i 为脉冲信号发生器输出的 $U_m=3\ \text{V}$,$f=1\ \text{kHz}$ 的方波电压信号,并通过两根同轴电缆线,将激励源 u_i 和响应 u_C 的信号分别连至示波器的两个输入口 Y_A 和 Y_B.这时可在示波器的屏幕上观察到激励与响应的变化规律,请测算出时间常数 τ,并用方格纸按 1:1 的比例描绘波形.

少量地改变电容值或电阻值,定性地观察对响应的影响,记录观察到的现象.

(2) 令 $R=10\ \text{k}\Omega$,$C=0.1\ \mu\text{F}$,观察并描绘响应的波形,继续增大 C 的值,定性地观察对响应的影响.

(3) 令 $C=0.01\ \mu\text{F}$,$R=100\ \Omega$,组成如图 5-2(a)所示的微分电路.在同样的方波激励信号($U_m=3\ \text{V}$,$f=1\ \text{kHz}$)作用下,观测并描绘激励与响应的波形.

增减 R 的值,定性地观察其对响应的影响,并作记录.当 R 增至 $1\ \text{M}\Omega$ 时,输入、输出波形有什么本质上的区别?

五、实验注意事项

(1) 调节电子仪器各旋钮时,动作不要过快、过猛.实验前,需熟读双踪示波器的使用说明书.观察双踪示波器时,要特别注意相应开关、旋钮的操作与调节.

(2) 信号源的接地端与示波器的接地端要连在一起(称共地),以防外界干扰而影响测量的准确性.

(3) 示波器的辉度不应过亮,尤其当光点长期停留在荧光屏上不动时,应将辉度调暗,以延长示波管的使用寿命.

六、实验报告要求

(1) 根据实验观测结果,在方格纸上绘出 *RC* 一阶电路充放电时 u_C 的变化曲线,由曲线测得 τ 值,并与参数值的计算结果作比较,分析误差原因.

(2) 根据实验观测结果,归纳、总结积分电路和微分电路的形成条件,阐明波形变换的特征.

(3) 心得体会及其他.

七、实验思考题

(1) 什么样的电信号可作为 *RC* 一阶电路零输入响应、零状态响应和完全响应的激励源?

(2) 已知 *RC* 一阶电路 $R = 10\ \text{k}\Omega$,$C = 0.1\ \mu\text{F}$,试计算时间常数 τ,并根据 τ 值的物理意义,拟定测量 τ 的方案.

(3) 何谓积分电路和微分电路? 它们必须具备什么条件? 它们在方波序列脉冲的激励下,其输出信号波形的变化规律如何? 这两种电路有何功用?

(4) 预习要求:熟读仪器使用说明,回答上述问题,准备方格纸.

实验六　正弦稳态交流电路相量的研究

一、实验目的

(1) 研究正弦稳态交流电路中电压、电流相量之间的关系.

(2) 掌握日光灯线路的接线.

(3) 理解改善电路功率因数的意义并掌握其方法.

二、实验设备

序号	名称	型号与规格	数量	备注
1	交流电压表	0~450 V	1	D33
2	交流电流表	0~5 A	1	D32
3	功率表		1	D34
4	自耦调压器		1	DG01
5	镇流器、启辉器	与 40 W 灯管配用	各1	DG09
6	日光灯灯管	40 W	1	屏内
7	电容器	1 μF,2.2 μF,4.7 μF/500 V	各1	DG09
8	白炽灯及灯座	220 V,15 W	1~3	DG08
9	电流插座		3	DG09

三、实验原理

(1) 在单相正弦交流电路中,用交流电流表测得各支路的电流值,用交流电压表测得回路各元件两端的电压值,它们之间的关系满足相量形式的基尔霍夫定律,即 $\sum I = 0$ 和 $\sum U = 0$.

(2) 如图 6-1 所示的 RC 串联电路,在正弦稳态信号 U 的激励下,U_R 与 U_C

保持有 90° 的相位差,即当 R 阻值改变时,U_R 的相量轨迹是一个半圆. U,U_C 与 U_R 三者形成一个直角形的电压三角形,如图 6-2 所示. R 值改变时,可改变 φ 角的大小,从而达到移相的目的.

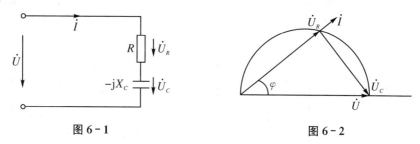

图 6-1　　　　　　　　　　　　图 6-2

(3) 日光灯线路如图 6-3 所示,图中 A 是日光灯管,L 是镇流器,S 是启辉器,C 是补偿电容器,用以改善电路的功率因数($\cos \varphi$ 值).有关日光灯的工作原理请自行翻阅有关资料.

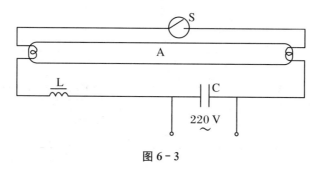

图 6-3

四、实验内容

(1) 按图 6-1 接线. R 为 220 V,15 W 的白炽灯泡,电容器为 4.7 μF/450 V. 经指导教师检查后,接通实验台电源,将自耦调压器输出(即 U)调至 220 V.记录 U,U_R,U_C 的值,验证电压三角形关系.

(2) 日光灯线路接线与测量.相应数据记入表 6-1 中.

表 6-1

测　量　值			计　算　值		
U(V)	U_R(V)	U_C(V)	U'(与 U_R,U_C 组成 Rt△) $(U' = \sqrt{U_R^2 + U_C^2})$	$\Delta U = U' - U$(V)	$\Delta U/U$(%)

按图6-4接线.经指导教师检查后接通实验台电源,调节自耦调压器的输出,使其输出电压缓慢增大,直到日光灯刚启辉点亮为止,记下三表的指示值.然后将电压调至220 V,测量功率 P,电流 I,电压 U,U_L,U_A 等值,验证电压、电流相量关系.相应数据记入表6-2中.

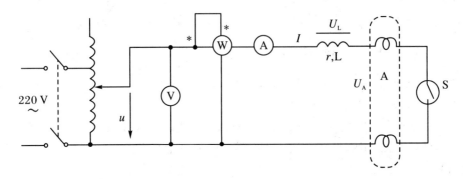

图6-4

表6-2

	测 量 数 值						计 算 值	
	$P(\text{W})$	$\cos\varphi$	$I(\text{A})$	$U(\text{V})$	$U_L(\text{V})$	$U_A(\text{V})$	$r(\Omega)$	$\cos\varphi$
启辉值								
正常工作值								

(3) 并联电路——电路功率因数的改善.

设未并联电容前

$$\cos\varphi = \frac{P}{UI_1}$$

并联电容器后

$$\cos\varphi' = \frac{P}{UI}$$

由 $\cos\varphi$ 提高到 $\cos\varphi'$ 所需的电容值为

$$C = \frac{P}{\omega U^2}(\tan\varphi - \tan\varphi')$$

灯管电路模型参数

$$R = \frac{U_R}{I_1}$$

镇流器电路模型参数

$$r = \frac{P}{I_1^2} - R$$

$$X_{\mathrm{L}} = \sqrt{\left(\frac{U_{\mathrm{L}}}{I_1}\right)^2 - r^2}$$

按图6-5组成实验线路.经指导老师检查后,接通实验台电源,将自耦调压器的输出调至220 V,记录功率表、电压表读数.通过一只电流表和三个电流插座分别测得三条支路的电流,改变电容值,进行三次重复测量.数据记入表6-3中.

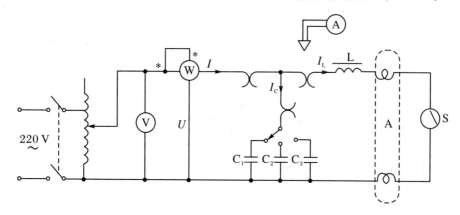

图6-5

表6-3

电容值 (μF)	测量数值						计算值	
	$\cos\varphi$	$P(\mathrm{W})$	$\cos\varphi$	$U(\mathrm{V})$	$I(\mathrm{A})$	$I_{\mathrm{L}}(\mathrm{A})$	$I_{\mathrm{C}}(\mathrm{A})$	$I'(\mathrm{A})$
0								
1								
2.2								
4.7								

五、实验注意事项

(1) 本实验用交流市电220 V,务必注意用电和人身安全.

(2) 功率表要正确接入电路.

(3) 线路接线正确,日光灯不能启辉时,应检查启辉器及其接触是否良好.

六、实验报告要求

(1) 完成数据表格中的计算,进行必要的误差分析.

(2) 根据实验数据,分别绘出电压、电流相量图,验证相量形式的基尔霍夫定律.

(3) 讨论改善电路功率因数的意义和方法.

(4) 总结装接日光灯线路的心得体会及其他.

七、实验思考题

(1) 参阅课外资料,了解日光灯的启辉原理.

(2) 在日常生活中,当日光灯上缺少了启辉器时,人们常用一根导线将启辉器的两端短接一下,然后迅速断开,点亮日光灯(DG09 实验挂箱上有短接按钮,可用它代替启辉器做一下实验),或用一只启辉器去点亮多只同类型的日光灯,这是为什么?

(3) 为了改善电路的功率因数,常在感性负载上并联电容器,此时增加了一条电流支路,试问电路的总电流将增大还是减小? 此时感性元件上的电流和功率是否改变?

(4) 提高线路功率因数为什么只采用并联电容器法,而不采用串联法? 所并的电容器是否越大越好?

实验七　*RC* 选频网络特性测试

一、实验目的

(1) 熟悉文氏电桥电路和 *RC* 双 T 电路的结构特点及其应用.

(2) 学会用交流毫伏表和示波器测定以上两种电路的幅频特性和相频特性.

二、实验设备

序号	名　称	型号与规格	数量	备注
1	函数信号发生器及频率计		1	DG03
2	双踪示波器		1	自备
3	交流毫伏表	0~600 V	1	
4	*RC* 选频网络实验板		1	DG07

三、实验原理

(一) 文氏桥电路

文氏桥电路是一个 *RC* 的串、并联电路,如图 7-1 所示.该电路结构简单,被

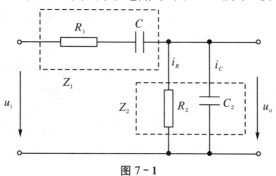

图 7-1

广泛地用于低频振荡电路中作为选频环节,可以获得很高纯度的正弦波电压.

用函数信号发生器的正弦输出信号作为图 7-1 的激励信号 u_i,并保持 u_i 值不变的情况下,改变输入信号的频率 f,用交流毫伏表或示波器测出输出端相应于各个频率点下的输出电压 u_o 值,将这些数据画在以频率 f 为横轴、u_o 为纵轴的坐标轴上,用一条光滑的曲线连接这些点,该曲线就是上述电路的幅频特性曲线.

文氏桥电路的一个特点是其输出电压幅度不仅会随输入信号的频率而变,而且还会出现一个与输入电压同相位的最大值,如图 7-2 所示.

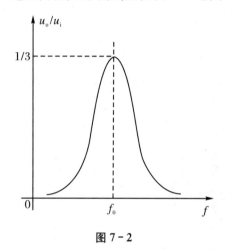

图 7-2

由电路分析得知,该网络的传递函数为

$$\beta = \frac{1}{3 + \mathrm{j}(\omega RC - 1/\omega RC)}$$

当角频率 $\omega = \omega_0 = \dfrac{1}{RC}$ 时,$|\beta| = \dfrac{U_o}{U_i} = \dfrac{1}{3}$,此时 U_o 与 U_i 同相.由图 7-2 可见,RC 串、并联电路具有带通特性.

将上述电路的输入和输出分别接到双踪示波器的 Y_A 和 Y_B 两个输入端,改变输入正弦信号的频率,观测相应的输入和输出波形间的时延 τ 及信号的周期 T,则两波形间的相位差 $\varphi = \dfrac{\tau}{T} \times 360° = \varphi_o - \varphi_i$(输出相位与输入相位之差).

将各个不同频率下的相位差 φ 画在以 f 为横轴、φ 为纵轴的坐标轴上,用光滑的曲线将这些点连接起来,即得被测电路的相频特性曲线,如图 7-3 所示.

由电路分析理论可知,当 $\omega = \omega_0 = \dfrac{1}{RC}$,即 $f = f_0 = \dfrac{1}{2\pi RC}$ 时,$\varphi = 0$,即 u_o 与 u_i 同相位.

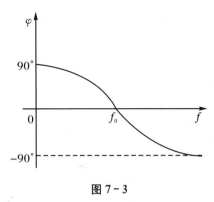

图 7 - 3

(二) *RC* 双 T 电路

RC 双 T 电路如图 7 - 4 所示.

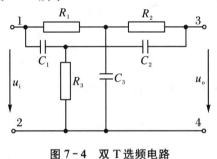

图 7 - 4 双 T 选频电路

由电路分析可知,双 T 网络零输出的条件为

$$\frac{1}{R_1} + \frac{1}{R_2} = \frac{1}{R_3}, \quad C_1 + C_2 = C_3$$

若

$$R_1 = R_2 = R, \quad C_1 = C_2 = C$$

则

$$R_3 = \frac{R}{2}, \quad C_3 = 2C$$

该双 T 电路的频率特性为 $\left(令\ \omega_0 = \dfrac{1}{RC}\right)$

$$F(\omega) = \frac{\dfrac{1}{2}\left(R + \dfrac{1}{j\omega C}\right)}{\dfrac{2R(1 + j\omega RC)}{1 - \omega^2 R^2 C^2} + \dfrac{1}{2}\left(R + \dfrac{1}{j\omega C}\right)} = \frac{1 - \left(\dfrac{\omega}{\omega_0}\right)^2}{1 - \left(\dfrac{\omega}{\omega_0}\right)^2 + j4\dfrac{\omega}{\omega_0}}$$

当 $\omega = \omega_0 = \dfrac{1}{RC}$ 时,输出幅值等于 0,相频特性呈现 $\pm 90°$ 的突跳.

参照文氏桥电路的做法,也可画出双 T 电路的幅频和相频特性曲线,分别如图 7-5 和图 7-6 所示.

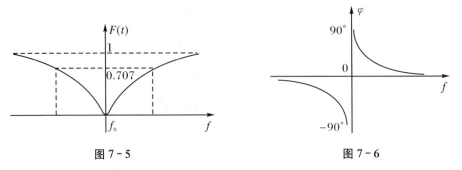

图 7-5   图 7-6

由图可见,双 T 电路具有带阻特性.

四、实验内容

(一) 测量 RC 串、并联电路的幅频特性

(1) 利用 DG07 挂箱上"RC 串、并联选频网络"线路,组成如图 7-1 所示线路.取 $R=1$ kΩ,$C=0.1$ μF.

(2) 调节信号源输出电压为 3 V 的正弦信号,接入图 7-1 的输入端.

(3) 改变信号源的频率 f(由频率计读得),并保持 $U_i=3$ V 不变,测量输出电压 U_o(可先测量 $\beta=1/3$ 时的频率 f_0,然后再在 f_0 左右设置其他频率点测量).

(4) 取 $R=200$ Ω,$C=2.2$ μF,重复上述测量,并填入表 7-1 中.

表 7-1

$R=1$ kΩ, $C=0.1$ μF	f(Hz)	
	U_o(V)	
$R=200$ Ω, $C=2.2$ μF	f(Hz)	
	U_o(V)	

(二) 测量 RC 串、并联电路的相频特性

将图 7-1 的输入 U_i 和输出 U_o 分别接至双踪示波器的 Y_A 和 Y_B 两个输入端,改变输入正弦信号的频率,观测不同频率点时,相应的输入与输出波形间的时延 τ 及信号的周期 T.两波形间的相位差为

$$\varphi = \varphi_o - \varphi_i = \frac{\tau}{T} \times 360°$$

（三）测量 RC 双 T 电路的幅频特性

参照实验内容(一),并将数据填入表 7-2 中.

表 7-2

	f（Hz）							
$R = 1\ k\Omega,$	T（ms）							
$C = 0.1\ \mu F$	τ（ms）							
	φ							
	f（Hz）							
$R = 200\ \Omega,$	T（ms）							
$C = 2.2\ \mu F$	τ（ms）							
	φ							

（四）测量 RC 双 T 电路的相频特性

参照实验内容(二),并将数据填入表 7-2 中.

五、实验注意事项

由于信号源内阻的影响,输出幅度会随信号频率变化.因此,在调节输出频率时,应同时调节输出幅度,使实验电路的输入电压保持不变.

六、实验报告要求

(1) 根据实验数据,绘制两种电路的幅频特性和相频特性曲线.找出 f_0,并与理论计算值比较,分析误差原因.

(2) 讨论实验结果.

(3) 心得体会及其他.

七、实验思考题

(1) 根据电路参数,分别估算双 T 电路和文氏桥电路两组参数的固有频率 f_0.

(2) 推导 RC 串、并联电路的幅频、相频特性的数学表达式.

实验八　*RLC* 串联谐振电路的研究

一、实验目的

(1) 学习用实验方法绘制 R、L、C 串联电路的幅频特性曲线.

(2) 加深理解电路发生谐振的条件、特点,掌握电路品质因数(电路 Q 值)的物理意义及其测定方法.

二、实验设备

序号	名称	型号与规格	数量	备注
1	低频函数信号发生器		1	DG03
2	交流毫伏表	$0\sim600$ V	1	D83
3	双踪示波器		1	自备
4	频率计		1	DG03
5	谐振电路实验电路板	$R = 200\ \Omega,1\ k\Omega$; $C = 0.01\ \mu F,0.1\ \mu F$; $L \approx 30$ mH		DG07

三、实验原理

(1) 在如图 8-1 所示的 R、L、C 串联电路中,当正弦交流信号源的频率 f 改变时,电路中的感抗、容抗随之而变,电路中的电流也随 f 而变.取电阻 R 上的电压 u_o 作为响应,当输入电压 u_i 的幅值保持不变时,在不同频率的信号激励下,测出 U_o 之值,然后以 f 为横坐标、U_o/U_i 为纵坐标(因 U_i 不变,故也可直接以 U_o 为纵坐标),绘出光滑的曲线,此即为幅频特性曲线,亦称谐振曲线,如图 8-2 所示.

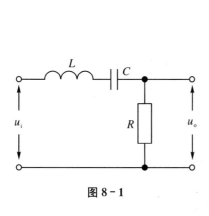

图 8-1

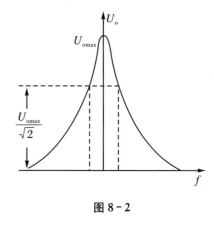

图 8-2

（2）在 $f = f_0 = \dfrac{1}{2\pi\sqrt{LC}}$ 处，即幅频特性曲线尖峰所在的频率点称为谐振频率。此时 $X_L = X_C$，电路呈纯阻性，电路阻抗的模为最小。在输入电压 U_i 为定值时，电路中的电流达到最大值，且与输入电压 U_i 同相位。从理论上讲，此时 $U_i = U_R = U_o$，$U_L = U_C = QU_i$，式中的 Q 称为电路的品质因数。

（3）电路品质因数 Q 值的两种测量方法。

一种方法是根据公式 $Q = \dfrac{U_L}{U_o} = \dfrac{U_C}{U_o}$ 测定，U_C 与 U_L 分别为谐振时电容器 C 和电感线圈 L 上的电压。另一种方法是通过测量谐振曲线的通频带宽度 $\Delta f = f_2 - f_1$，再根据 $Q = \dfrac{f_0}{f_2 - f_1}$，求出 Q 值。式中 f_0 为谐振频率，f_2 和 f_1 是失谐时，亦即输出电压的幅度下降到最大值的 $1/\sqrt{2}(\approx 0.707)$ 时的上、下频率点。

Q 值越大，曲线越尖锐，通频带越窄，电路的选择性越好。在恒压源供电时，电路的品质因数、选择性与通频带只决定于电路本身的参数，而与信号源无关。

四、实验内容

（1）按图 8-3 组成监视、测量电路。先选用 C_1，R_1。用交流毫伏表测电压，用示波器监视信号源输出。令信号源输出电压 $U_i = 4V_{PP}$，并保持不变。

（2）找出电路的谐振频率 f_0，其方法是：将毫伏表接在 $R(200\ \Omega)$ 两端，令信号源的频率由小逐渐变大（注意要维持信号源的输出幅度不变），当 U_o 的读数为最大时，读得频率计上的频率值即为电路的谐振频率 f_0，并测量 U_C 与 U_L 之值（注意及时更换毫伏表的量限）。

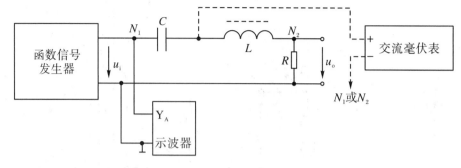

图 8 - 3

（3）在谐振点两侧,按频率递增或递减 500 Hz 或 1 kHz,依次各取 8 个测量点,逐点测出 U_o,U_L,U_C 之值,记入数据表 8 - 1 中.

表 8 - 1

f(kHz)					
U_o(V)					
U_L(V)					
U_C(V)					
$U_i = 4 V_{PP}$, $C = 0.01 \ \mu$F, $R = 200 \ \Omega$, $f_0 = $ _____ , $f_2 - f_1 = $ _____ , $Q = $ _____					

（4）将电阻改为 R_2,重复实验内容(2)、(3)的测量过程,数据记入表 8 - 2 中.

表 8 - 2

f(kHz)								
U_o(V)								
U_L(V)								
U_C(V)								
$U_i = 4 V_{PP}$, $C = 0.01 \ \mu$F, $R = 1 \ k\Omega$, $f_0 = $ _____ , $f_2 - f_1 = $ _____ , $Q = $ _____								

（5）选用 C_2,重复实验内容(2)~(4).（自制表格.）

五、实验注意事项

（1）选择测试频率点时应在靠近谐振频率附近多取几点.在变换频率测试前,应调整信号输出幅度(用示波器监视输出幅度),使其维持在 4 V_{PP}.

（2）测量 U_C 和 U_L 数值前,应将毫伏表的量限改大,而且在测量 U_L 与 U_C 时毫伏表的"+"端应接 C 与 L 的公共点,其接地端应分别触及 L 和 C 的近地端 N_2 和 N_1.

（3）实验中,信号源的外壳应与毫伏表的外壳绝缘（不共地）.如能用浮地式交流毫伏表测量,则效果更佳.

六、实验报告要求

（1）根据测量数据,绘出不同 Q 值时的三条幅频特性曲线,即
$$U_。 = f(f)$$

（2）计算出通频带与 Q 值,说明不同 R 值时对电路通频带与品质因数的影响.

（3）对两种不同的测 Q 值的方法进行比较,分析误差原因.

（4）谐振时,比较输出电压 $U_。$ 与输入电压 U_i 是否相等? 试分析原因.

（5）通过本次实验,总结、归纳串联谐振电路的特性.

（6）心得体会及其他.

七、实验思考题

（1）根据实验线路板给出的元件参数值,估算电路的谐振频率.

（2）改变电路的哪些参数可以使电路发生谐振? 电路中 R 的数值是否影响谐振频率值?

（3）如何判别电路是否发生谐振? 测试谐振点的方案有哪些?

（4）电路发生串联谐振时,为什么输入电压不能太大? 如果信号源给出 3 V 的电压,电路谐振时,用交流毫伏表测 U_L 和 U_C,应该选择用多大的量限?

（5）要提高 *RLC* 串联电路的品质因数,电路参数应如何改变?

（6）本实验在谐振时,对应的 U_L 与 U_C 是否相等? 如有差异,原因是什么?

实验九 互感电路观测

一、实验目的

(1) 学会互感电路同名端、互感系数以及耦合系数的测定方法.

(2) 理解两个线圈相对位置的改变,以及用不同材料作线圈芯时对互感的影响.

二、实验设备

序号	名称	型号与规格	数量	备注
1	数字直流电压表	0~200 V	1	D31
2	数字直流电流表	0~200 mA	2	D31
3	交流电压表	0~500 V	1	D32
4	交流电流表	0~5 A	1	D32
5	空心互感线圈	N_1 为大线圈 N_2 为小线圈	1 对	DG08
6	自耦调压器		1	DG01
7	直流稳压电源	0~30 V	1	DG04
8	电阻器	30 Ω/8 W 510 Ω/8 W	各 1	DG09
9	发光二极管	红或绿	1	DG09
10	粗、细铁棒,铝棒		各 1	
11	变压器	36 V/220 V	1	DG08

三、实验原理

(一)判断互感线圈同名端的方法

1. 直流法

如图 9-1 所示,在开关 S 闭合瞬间,若毫安表的指针正偏,则可断定 1,3 为同名端;若指针反偏,则 1,4 为同名端.

2. 交流法

如图 9-2 所示,将两个绕组 N_1 和 N_2 的任意两端(如 2,4 端)连在一起,在其中的一个绕组(如 N_1)两端加一个低电压,另一绕组(如 N_2)开路,用交流电压表分别测出端电压 U_{13},U_{12} 和 U_{34}. 若 U_{13} 是两个绕组端电压之差,则 1,3 是同名端;若 U_{13} 是两个绕组端电压之和,则 1,4 是同名端.

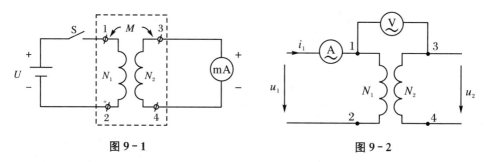

图 9-1　　　　　　　　　　　　图 9-2

(二)两线圈互感系数 M 的测定

在图 9-2 的 N_1 侧施加低压交流电压 U_1,测出 I_1 及 U_2. 根据互感电势 $E_{2M} \approx U_{20} = \omega M I_1$,可算得互感系数为 $M = \dfrac{U_2}{\omega I_1}$.

(三)耦合系数 k 的测定

两个互感线圈耦合松紧的程度可用耦合系数 k 来表示:

$$k = M/\sqrt{L_1 L_2}$$

如图 9-2 所示,先在 N_1 侧施加低压交流电压 U_1,测出 N_2 侧开路时的电流 I_1;然后在 N_2 侧施加电压 U_2,测出 N_1 侧开路时的电流 I_2,求出各自的自感 L_1 和 L_2,即可算出 k 值.

四、实验内容

（1）分别用直流法和交流法测定互感线圈的同名端.

① 直流法.

实验线路如图 9-3 所示.先将 N_1 和 N_2 两线圈的四个接线端子编以 1,2 和 3,4 号.将 N_1,N_2 同心地套在一起,并放入细铁棒.U 为可调直流稳压电源,调至 10 V.流过 N_1 侧的电流不可超过 0.4 A(选用 5 A 量程的数字电流表).N_2 侧直接接入 2 mA 量程的毫安表.将铁棒迅速地拨出和插入,观察毫安表读数正、负的变化,来判定 N_1 和 N_2 两个线圈的同名端.

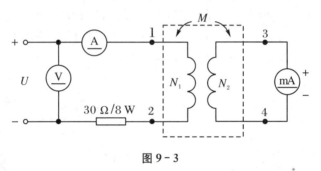

图 9-3

② 交流法.

本方法中,由于加在 N_1 上的电压仅 2 V 左右,直接用屏内调压器很难调节,因此采用图 9-4 的线路来扩展调压器的调节范围.图中 W,N 为主屏上的自耦调压器的输出端,B 为 DG08 挂箱中的升压铁芯变压器,此处作降压用.将 N_2 放入 N_1 中,并在两线圈中插入铁棒.A 为 2.5 A 以上量程的电流表,N_2 侧开路.

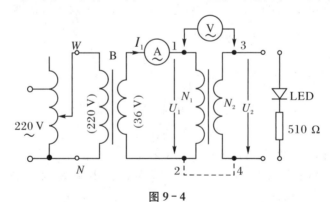

图 9-4

接通电源前,应首先检查自耦调压器是否调至零位,确认后方可接通交流电源,令自耦调压器输出一个很低的电压(约 12 V 左右),使流过电流表的电流小于 1.4 A,然后用 0~30 V 量程的交流电压表测量 U_{13},U_{12},U_{34},判定同名端.

拆除 2,4 连线,并将 2,3 相接,重复上述步骤,判定同名端.

(2) 拆除 2,3 连线,测量 U_1,I_1,U_2,计算出 M 值.

(3) 将低压交流加在 N_2 侧,使流过 N_2 侧电流小于 1 A,N_1 侧开路,按实验内容(2)测出 U_2,I_2,U_1.

(4) 用万用表的 $R \times 1$ 挡分别测出 N_1 和 N_2 线圈的电阻值 R_1 和 R_2,计算出 K 值.

(5) 观察互感现象.

在图 9-4 的 N_2 侧接入 LED 发光二极管与 510 Ω 串联的支路.

① 将铁棒慢慢地从两线圈中抽出和插入,观察 LED 亮度的变化及各电表读数的变化,记录现象.

② 将两线圈改为并排放置,并改变其间距,以及分别或同时插入铁棒,观察 LED 亮度的变化及仪表读数.

③ 改用铝棒替代铁棒,重复①、②的步骤,观察 LED 的亮度变化,并记录现象.

五、实验注意事项

(1) 整个实验过程中,注意流过线圈 N_1 的电流不得超过 1.4 A,流过线圈 N_2 的电流不得超过 1 A.

(2) 在测定同名端及其他测量数据的实验中,都应将小线圈 N_2 套在大线圈 N_1 中,并插入铁芯.

(3) 做交流实验前,首先要检查自耦调压器,保证手柄置在零位.因实验时加在 N_1 上的电压只有 2~3 V,因此调节时要特别仔细、小心,随时观察电流表的读数,不得超过规定值.

六、实验报告要求

(1) 总结对互感线圈同名端、互感系数的实验测试方法.
(2) 自拟测试数据表格,完成计算任务.
(3) 解释实验中观察到的互感现象.
(4) 心得体会及其他.

七、实验思考题

(1) 用直流法判断同名端时，可否以及如何根据 S 断开瞬间毫安表指针的正、反偏来判断同名端？

(2) 本实验用直流法判断同名端是用插、拔铁芯时观察电流表的正、负读数变化来确定的(应如何确定)，这与实验原理中所叙述的方法是否一致？

实验十 单相铁芯变压器特性的测试

一、实验目的

（1）通过测量计算变压器的各项参数.
（2）学会测绘变压器的空载特性与外特性.

二、实验设备

序号	名称	型号与规格	数量	备注
1	交流电压表	0～450 V	2	D33
2	交流电流表	0～5 A	2	D32
3	单相功率表		1	D34
4	实验变压器	220 V/36 V　50 V·A	1	屏内
5	自耦调压器		1	DG01
6	白炽灯	220 V,15 W	5	DG08

三、实验原理

（1）图 10-1 为测试变压器参数的电路.由各仪表读得变压器原边（AX,低压侧）的 U_1,I_1,P_1 及副边（ax,高压侧）的 U_2,I_2,并用万用表 $R \times 1$ 挡测出原、副绕组的电阻 R_1 和 R_2,即可算得变压器的以下各项参数值:

$$\text{电压比 } K_U = \frac{U_1}{U_2}, \quad \text{电流比 } K_I = \frac{I_2}{I_1}$$

$$\text{原边阻抗 } Z_1 = \frac{U_1}{I_1}, \quad \text{副边阻抗 } Z_2 = \frac{U_2}{I_2}$$

$$\text{阻抗比} = \frac{Z_1}{Z_2}, \quad \text{负载功率 } P_2 = U_2 I_2 \cos \varphi_2$$

$$损耗功率\ P_0 = P_1 - P_2, \quad 功率因数 = \frac{P_1}{U_1 I_1}$$

$$原边线圈铜耗\ P_{cu1} = I_1^2 R_1, \quad 副边铜耗\ P_{cu2} = I_2^2 R_2$$

$$铁耗\ P_{Fe} = P_0 - (P_{cu1} + P_{cu2})$$

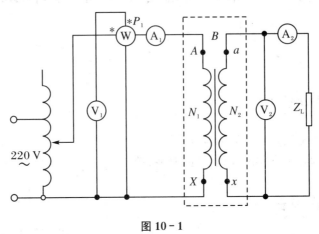

图 10-1

（2）铁芯变压器是一个非线性元件，铁芯中的磁感应强度 B 决定于外加电压的有效值 U. 当副边开路（即空载）时，原边的励磁电流 I_{10} 与磁场强度 H 成正比. 在变压器中，副边空载时，原边电压与电流的关系称为变压器的空载特性，这与铁芯的磁化曲线（$B-H$ 曲线）是一致的.

空载实验通常是将高压侧开路，由低压侧通电进行测量，又因空载时功率因数很低，故测量功率时应采用低功率因数瓦特表. 此外因变压器空载时阻抗很大，故电压表应接在电流表外侧.

（3）变压器外特性测试.

为了满足三组灯泡负载额定电压为 220 V 的要求，故以变压器的低压（36 V）绕组作为原边，220 V 的高压绕组作为副边，即当作一台升压变压器使用.

在保持原边电压 U_1（36 V）不变时，逐次增加灯泡负载（每只灯为 15 W），测定 U_1, U_2, I_1 和 I_2，即可绘出变压器的外特性，即负载特性曲线 $U_2 = f(I_2)$.

四、实验内容

（1）用交流法判别变压器绕组的同名端（参照实验九）.

（2）按图 10-1 线路接线. 其中 AX 为变压器的低压绕组；ax 为变压器的高压绕组. 即电源经屏内调压器接至低压绕组，高压绕组 220 V 接 Z_L 即 15 W 的灯组负载（3 只灯泡并联），经指导教师检查后方可进行实验.

（3）将调压器手柄置于输出电压为零的位置（逆时针旋到底），合上电源开关，并调节调压器，使其输出电压为 36 V．令负载开路及逐次增加负载（最多亮 5 个灯泡），分别记下 5 个仪表的读数，记入自拟的数据表格，绘制变压器外特性曲线．实验完毕后将调压器调回零位，断开电源．

当负载为 4 个及 5 个灯泡时，变压器已处于超载运行状态，很容易烧坏．因此，测试和记录应尽量快，总共不应超过 3 分钟．实验时，可先将 5 只灯泡并联安装好，断开控制每个灯泡的相应开关，通电且电压调至规定值后，再逐一打开各个灯的开关，并记录仪表读数．待开 5 灯的数据记录完毕后，立即用相应的开关断开各灯．

（4）将高压侧（副边）开路，确认调压器处在零位后，合上电源，调节调压器输出电压，使 U_1 从零逐次上升到 1.2 倍的额定电压（1.2×36 V），分别记下各次测得的 U_1、U_{20} 和 I_{10} 数据，记入自拟的数据表格，用 U_1 和 I_{10} 绘制变压器的空载特性曲线．

五、实验注意事项

（1）本实验是将变压器作为升压变压器使用，并用调节调压器提供原边电压 U_1，故使用调压器时应首先调至零位，然后才可合上电源．此外，必须用电压表监视调压器的输出电压，防止被测变压器输出过高电压而损坏实验设备，且要注意安全，以防高压触电．

（2）由负载实验转到空载实验时，要注意及时变更仪表量程．

（3）遇异常情况时，应立即断开电源，待处理好故障后，再继续做实验．

六、实验报告要求

（1）根据实验内容，自拟数据表格，绘出变压器的外特性和空载特性曲线．

（2）根据额定负载时测得的数据，计算变压器的各项参数．

（3）计算变压器的电压调整率 $\Delta U\% = \dfrac{U_{20} - U_{2N}}{U_{20}} \times 100\%$．

（4）心得体会及其他．

七、实验思考题

（1）为什么本实验将低压绕组作为原边进行通电实验？ 此时，在实验过程中应注意什么问题？

（2）为什么变压器的励磁参数一定是在空载实验加额定电压的情况下求出的？

实验十一　三相交流电路电压、电流的测量

一、实验目的

(1) 掌握三相负载作星形连接、三角形连接的方法,验证这两种接法下线电压、相电压及线电流、相电流之间的关系.

(2) 充分理解三相四线供电系统中中线的作用.

二、实验设备

序号	名称	型号与规格	数量	备注
1	交流电压表	0~500 V	1	D33
2	交流电流表	0~5 A	1	D32
3	万用表		1	自备
4	三相自耦调压器		1	DG01
5	三相灯组负载	220 V,15 W 白炽灯	9	DG08
6	电门插座		3	DG09

三、实验原理

(1) 三相负载可接成星形(又称"Y"连接)或三角形(又称"△"连接).当三相对称负载作 Y 连接时,线电压 U_1 是相电压 U_p 的 $\sqrt{3}$,线电流 I_1 等于相电流 I_p,即

$$U_1 = \sqrt{3}\,U_p, \quad I_1 = I_p$$

在这种情况下,流过中线的电流 $I_0 = 0$,所以可以省去中线.

当对称三相负载作△连接时,有

$$I_1 = \sqrt{3}\,I_p, \quad U_1 = U_p$$

(2) 当不对称三相负载作 Y 连接时,必须采用三相四线制接法,即 Y_0 接法.而

且中线必须牢固连接,以保证三相不对称负载的每相电压维持对称不变.

倘若中线断开,会导致三相负载电压的不对称,致使负载轻的那一相的相电压过高,使负载遭受损坏;负载重的那一相的相电压又过低,使负载不能正常工作.尤其是对于三相照明负载,无条件地一律采用 Y_0 接法.

(3) 当不对称负载作 △ 连接时,$I_1 \neq \sqrt{3} I_p$,但只要电源的线电压 U_1 对称,加在三相负载上的电压仍是对称的,对各相负载工作没有影响.

四、实验内容

(一)三相负载星形连接(三相四线制供电)

按图 11-1 线路组接实验电路,即三相灯组负载经三相自耦调压器接通三相对称电源.将三相调压器的旋柄置于输出为 0 V 的位置(即逆时针旋到底).经指导教师检查合格后,方可开启实验台电源,然后调节调压器的输出,使输出的三相线电压为 220 V,并按下述内容完成各项实验,分别测量三相负载的线电压、相电压、线电流、相电流、中线电流、电源与负载中点间的电压.将所测得的数据记入表 11-1 中,并观察各相灯组亮暗的变化程度,特别要注意观察中线的作用.

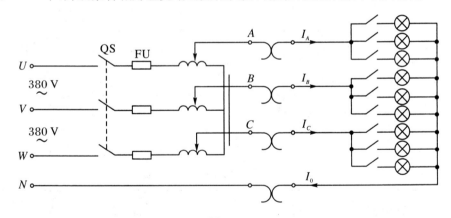

图 11-1

表 11-1

测量数据 实验内容 (负载情况)	开灯盏数			线电流(A)			线电压(V)			相电压(V)			中线电流 I_0 (A)	中点电压 U_{N0} (V)
	A 相	B 相	C 相	I_A	I_B	I_C	U_{AB}	U_{BC}	U_{CA}	U_{A0}	U_{B0}	U_{C0}		
Y_0 接平衡负载	3	3	3											

续表

实验内容（负载情况）	开灯盏数 A相	B相	C相	线电流（A） I_A	I_B	I_C	线电压（V） U_{AB}	U_{BC}	U_{CA}	相电压（V） U_{A0}	U_{B0}	U_{C0}	中线电流 I_0（A）	中点电压 U_{N0}（V）
Y 接平衡负载	3	3	3											
Y_0 接不平衡负载	1	2	3											
Y 接不平衡负载	1	2	3											
Y_0 接 B 相断开	1		3											
Y 接 B 相断开	1		3											
Y 接 B 相短路	1		3											

（二）负载三角形连接（三相三线制供电）

按图 11-2 改接线路,经指导教师检查合格后接通三相电源,并调节调压器,使其输出线电压为 220 V,并按表 11-2 的内容进行测试.

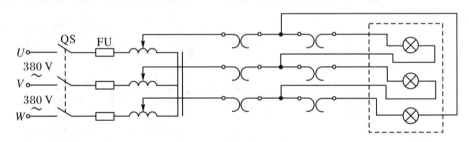

图 11-2

表 11-2

负载情况	开灯盏数 $A-B$ 相	$B-C$ 相	$C-A$ 相	线电压＝相电压（V） U_{AB}	U_{BC}	U_{CA}	线电流（A） I_A	I_B	I_C	相电流（A） I_{AB}	I_{BC}	I_{CA}
三相平衡	3	3	3									
三相不平衡	1	2	3									

五、实验注意事项

（1）本实验采用三相交流市电,线电压为 380 V,应穿绝缘鞋进实验室.实验时要注意人身安全,不可触及导电部件,防止意外事故发生.

（2）每次接线完毕,同组同学应自查一遍,然后由指导教师检查后,方可接通电源,必须严格遵守"先断电,再接线,后通电""先断电,后拆线"的实验操作原则.

（3）星形负载做短路实验时,必须首先断开中线,以免发生短路事故.

（4）为避免烧坏灯泡,DG08 实验挂箱内设有过压保护装置.当任一相电压大于 245～250 V 时,即声光报警并跳闸.因此,在做 Y 连接不平衡负载或缺相实验时,所加线电压应以最高相电压小于 240 V 为宜.

六、实验报告要求

（1）用实验测得的数据验证对称三相电路中的 $\sqrt{3}$ 关系.

（2）用实验数据和观察到的现象,总结三相四线供电系统中中线的作用.

（3）不对称三角形连接的负载,能否正常工作? 实验是否能证明这一点?

（4）根据不对称负载三角形连接时的相电流值作相量图,并求出线电流值,然后与实验测得的线电流作比较,并分析之.

（5）心得体会及其他.

七、实验思考题

（1）三相负载根据什么条件作星形或三角形连接?

（2）复习三相交流电路有关内容,试分析三相星形连接不对称负载在无中线情况下,当某相负载开路或短路时会出现什么情况? 如果接上中线,情况又如何?

（3）本次实验中为什么要通过三相调压器将 380 V 的市电线电压降为 220 V 的线电压使用?

实验十二　三相电路功率的测量

一、实验目的

(1) 掌握用一瓦特表法、二瓦特表法测量三相电路有功功率与无功功率的方法.

(2) 进一步熟练掌握功率表的接线和使用方法.

二、实验设备

序号	名称	型号与规格	数量	备注
1	交流电压表	0～500 V	2	D33
2	交流电流表	0～5 A	2	D32
3	单相功率表		2	D34
4	万用表		1	自备
5	三相自耦调压器		1	DG01
6	三相灯组负载	220 V,15 W　白炽灯	9	DG08
7	三相电容负载	1 μF,2.2 μF,4.7 μF/500 V	各 3	DG09

三、实验原理

(1) 对于三相四线制供电的三相星形连接的负载(即 Y_0 接法),可用一只功率表测量各相的有功功率 P_A,P_B,P_C,则三相负载的总有功功率 $\sum P = P_A + P_B + P_C$.这就是一瓦特表法,如图 12-1 所示.若三相负载是对称的,则只需测量一相的功率,再乘以 3 即得三相负载的总有功功率.

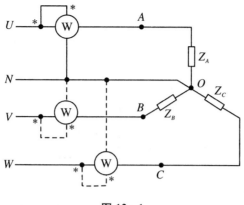

图 12-1

（2）在三相三线制供电系统中,不论三相负载是否对称,也不论负载是 Y 连接还是 △ 连接,都可用二瓦特表法测量三相负载的总有功功率.测量线路如图 12-2 所示.若负载为感性或容性,且当相位差 $\varphi > 60°$ 时,线路中的一只功率表指针将反偏(数字式功率表将出现负读数),这时应将功率表电流线圈的两个端子调换(不能调换电压线圈端子),其读数应记为负值.而三相总有功功率 $\sum P = P_1 + P_2 (P_1, P_2$ 本身不含有任何意义).

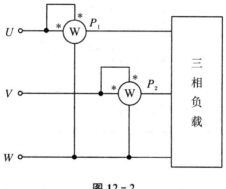

图 12-2

除图 12-2 的 I_A , U_{AC} 与 I_B , U_{BC} 接法外,还有 I_B , U_{AB} 与 I_C , U_{AC} 以及 I_A , U_{AB} 与 I_C , U_{BC} 两种接法.

（3）对于三相三线制供电的三相对称负载,可用一瓦特表法测得三相负载的总无功功率 Q,测试原理线路如图 12-3 所示.

如图 12-3 所示功率表读数的 $\sqrt{3}$,即为对称三相电路的总无功功率.除了此图给出的一种连接法(I_U , U_{VW})外,还有另外两种连接法,即接成(I_V , U_{UW})或(I_W , U_{UV}).

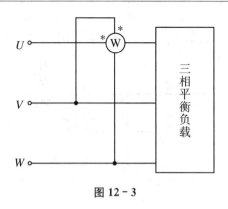

图 12 - 3

四、实验内容

(1) 用一瓦特表法测定三相对称 Y_0 连接以及不对称 Y_0 连接负载的总功率 $\sum P$.实验按图 12 - 4 线路接线.线路中的电流表和电压表用以监视该相的电流和电压,不要超过功率表电压和电流的量程.

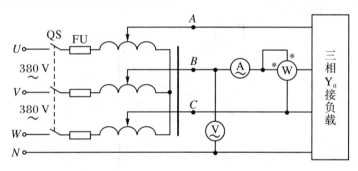

图 12 - 4

经指导教师检查后,接通三相电源,调节调压器输出,使输出线电压为 220 V,按表 12 - 1 的要求进行测量及计算.

表 12 - 1

负载情况	开灯盏数			测量数据			计算值
	A 相	B 相	C 相	P_A (W)	P_B (W)	P_C (W)	$\sum P$ (W)
Y_0 接对称负载	3	3	3				
Y_0 接不对称负载	1	2	3				

首先将三只表按图12-4接入 B 相进行测量,然后分别将三只表换接到 A 相和 C 相,再进行测量.

(2)用二瓦特表法测定三相负载的总功率.

① 按图12-5接线,将三相灯组负载接成 Y 形接法.经指导教师检查后,接通三相电源,调节调压器的输出线电压为 220 V,按表12-2的内容进行测量.

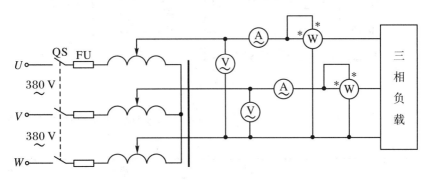

图12-5

② 将三相灯组负载改成△形接法,重复①的测量步骤,数据记入表12-2中.

表12-2

负载情况	开灯盏数			测量数据		计算值
	A 相	B 相	C 相	P_1（W）	P_2（W）	$\sum P$（W）
Y 接平衡负载	3	3	3			
Y 接不平衡负载	1	2	3			
△接不平衡负载	1	2	3			
△接平衡负载	3	3	3			

③ 将两只瓦特表依次按另外两种接法接入线路,重复①、②的测量.(表格自拟.)

(3)用一瓦特表法测定三相对称星形负载的无功功率,按如图12-6所示的电路接线.

① 每相负载由白炽灯和电容器并联而成,并由开关控制其接入.检查接线无误后,接通三相电源,将调压器的输出线电压调到 220 V,读取三表的读数,并计算无功功率 $\sum Q$,记入表12-3中.

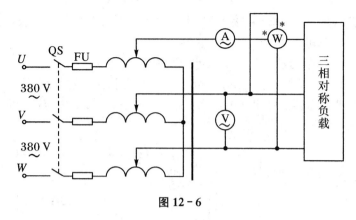

图 12 - 6

② 分别按 I_V, U_{UW} 和 I_W, U_{UV} 接法, 重复 ① 的测量, 并比较各自的 $\sum Q$ 值.

表 12 - 3

接法	负载情况	测量值			计算值
		U （V）	I （A）	Q （VAR）	$\sum Q = \sqrt{3}Q$
I_U, U_{VW}	(1) 三相对称灯组（每相开3盏）				
	(2) 三相对称电容器（每相4.7 μF）				
	(3) (1)、(2)的并联负载				
I_V, U_{UW}	(1) 三相对称灯组（每相开3盏）				
	(2) 三相对称电容器（每相4.7 μF）				
	(3) (1)、(2)的并联负载				
I_W, U_{UV}	(1) 三相对称灯组（每相开3盏）				
	(2) 三相对称电容器（每相4.7 μF）				
	(3) (1)、(2)的并联负载				

五、实验注意事项

每次实验完毕后, 均需将三相调压器旋柄调回零位. 每次改变接线前, 均需断开三相电源, 以确保人身安全.

六、实验报告要求

（1）完成数据表格中的各项测量和计算任务.比较一瓦特表法和二瓦特表法的测量结果.

（2）总结、分析三相电路功率测量的方法与结果.

（3）心得体会及其他.

七、实验思考题

（1）复习二瓦特表法测量三相电路有功功率的原理.

（2）复习一瓦特表法测量三相对称负载无功功率的原理.

（3）测量功率时为什么在线路中通常都接有电流表和电压表？

实验十三　单相电度表的校验

一、实验目的

(1) 掌握电度表的接线方法.
(2) 学会电度表的校验方法.

二、实验设备

序号	名称	型号与规格	数量	备注
1	电度表	220 V,50 Hz,1.5(6) A	1	
2	单相功率表		1	D34
3	交流电压表	0~500 V	1	D33
4	交流电流表	0~5 A	1	D32
5	自耦调压器		1	DG01
6	白炽灯	220 V,100 W	3	自备
7	灯泡	220 V,15 W	9	DG08
8	秒表		1	自备

三、实验原理

(1) 电度表是一种感应式仪表,是根据交变磁场在金属中产生感应电流,从而产生转矩的基本原理而工作的仪表,主要用于测量交流电路中的电能.它的指示器能随着电能的不断增大(也就是随着时间的延续)而连续地转动,从而能随时反应出电能积累的总数值.因此,它的指示器是一个"积算机构",是将转动部分通过齿轮传动机构折换为被测电能的数值,由数字及刻度直接指示出来.

它的驱动元件是由电压铁芯线圈和电流铁芯线圈在空间上、下排列,中间隔以铝制的圆盘.驱动两个铁芯线圈的交流电,建立起合成的特殊分布的交变磁场,并穿过铝盘,在铝盘上产生出感应电流.该电流与磁场的相互作用结果产生转动力矩驱使铝盘转动.铝盘上方装有一个永久磁铁,其作用是对转动的铝盘产生制动力矩,使铝盘转速与负载功率成正比.因此,在某一段测量时间内,负载所消耗的电能 W 就与铝盘的转数 n 成正比,即 $N=\dfrac{n}{W}$,比例系数 N 称为电度表常数,常在电度表上标明,其单位是转/千瓦·小时.

(2) 电度表的灵敏度是指在额定电压、额定频率及 $\cos\varphi=1$ 的条件下,从零开始调节负载电流,测出铝盘开始转动的最小电流值 $I_{\min}$,则仪表的灵敏度表示为 $S=\dfrac{I_{\min}}{I_N}\times100\%$,式中的 I_N 为电度表的额定电流.$I_{\min}$通常较小,约为 I_N 的 0.5%.

(3) 电度表的潜动是指负载电流等于零时,电度表仍出现缓慢转动的现象.按照规定,无负载电流时,在电度表的电压线圈上施加其额定电压的 110%(达 242 V)时,观察其铝盘的转动是否超过一圈.凡超过一圈者,判为潜动不合格.

四、实验内容

记录被校验电度表的数据:

额定电流 $I_N=$ _____,　　额定电压 $U_N=$ _____,

电度表常数 $N=$ _____,　　准确度为 _____.

(一)用功率表、秒表法校验电度表的准确度

按图 13-1 接线.电度表的接线与功率表相同,其电流线圈与负载串联,电压线圈与负载并联.

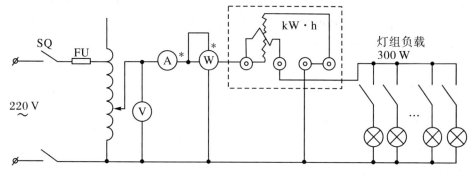

图 13-1

线路经指导教师检查无误后,接通电源.将调压器的输出电压调到 220 V,按表 13-1 的要求接通灯组负载,用秒表定时记录电度表转盘的转数及记录各仪表的读数.

为了准确地计时及计圈数,可将电度表转盘上的一小段着色标记刚出现(或刚结束)时作为秒表计时的开始,并同时读出电度表的起始读数.此外,为了能记录整数转数,可先预定好转数,待电度表转盘刚转完此转数时,作为秒表测定时间的终点,并同时读出电度表的终止读数.所有数据记入表 13-1 中.

建议 n 取 100 圈,则接 300 W 负载时,需时 8 分钟左右.

表 13-1

负载情况	测量值							计算值		
	U (V)	I (A)	电表读数(kW·h)			时间 (s)	转数 n	计算电能 W'(kW·h)	$\Delta W/W$ (%)	电度表常数 N
			起	止	W					
300 W (第一次)										
300 W (第二次)										

为了准确和熟悉起见,可重复多做几次.

(二)电度表灵敏度的测试

电度表灵敏度的测试要用到专用的变阻器,一般都不具备.此处可将图 13-1 中的灯组负载改成三组灯组相串联,并全部用 220 V,15 W 的灯泡.再在电度表与灯组负载之间串接 8 W,10 kΩ~30 kΩ 的电阻(取自 DG09 挂箱上的 8 W,10 kΩ、20 kΩ 电阻).每组先开通一只灯泡,接通 220 V 后看电度表的转盘是否开始转动.然后逐只增加灯泡或者减少电阻,直至转盘开转,则这时电流表的读数可大致作为其灵敏度.请同学们自行估算其误差.

做此实验前应使电度表转盘的着色标记处于可看见的位置.由于负载很小,转盘的转动很缓慢,必须耐心观察.

(三)检查电度表的潜动是否合格

断开电度表的电流线圈回路,调节调压器的输出电压为额定电压的 110%(即 242 V),仔细观察电度表的转盘是否有转动.一般允许有缓慢的转动.若转动不超过一圈即停止,则该电度表的潜动为合格,反之则不合格.

实验前应使电度表转盘的着色标记处于可看见的位置.由于"潜动"非常缓慢,要观察正常的电度表"潜动"是否超过一圈,需要一小时以上.

五、实验注意事项

(1) 本实验台配有一只电度表,实验时只要将电度表挂在 DG08 挂箱上的相应位置,并用螺母紧固即可.接线时要卸下护板.实验完毕,拆除线路后,要装回护板.

(2) 记录时,同组同学要密切配合.秒表定时、读取转数和电度表读数步调要一致,以确保测量的准确性.

(3) 实验中用到 220 V 强电,操作时应注意安全.凡需改动接线的,必须切断电源,接好线并检查无误后才能加电.

六、实验报告要求

(1) 对被校电度表的各项技术指标作出评论.
(2) 对校表工作的体会.
(3) 其他.

七、实验思考题

(1) 查找有关资料,了解电度表的结构、原理及其检定方法.
(2) 电度表接线有哪些错误接法? 它们会造成什么后果?

实验十四　功率因数及相序的测量

一、实验目的

(1) 掌握三相交流电路相序的测量方法.

(2) 熟悉功率因数表的使用方法,了解负载性质对功率因数的影响.

二、实验设备

序号	名称	型号与规格	数量	备注
1	单相功率表			D34
2	交流电压表	$0\sim500$ V		D33
3	交流电流表	$0\sim5$ A		D32
4	白灯灯组负载	15 W/220 V	3	DG08
5	电感线圈	40 W　镇流器	1	DG09
6	电容器	$1~\mu\text{F},4.7~\mu\text{F}$		DG09

三、实验原理

图 14 - 1 为相序指示器电路,用以测定三相电源的相序 A,B,C(或 U, V,W).

它是由一个电容器和两个电灯连接成的星形不对称三相负载电路.如果电容器所接的是 A 相,则灯光较亮的是 B 相,较暗的是 C 相.相序是相对的,任何一相均可作为 A 相.但 A 相确定后,B 相和 C 相也就确定了.

为了分析问题简单起见,设

$$X_C = R_B = R_C = R,\quad \dot{U}_A = U_\text{p}\underline{/0^\circ}$$

则

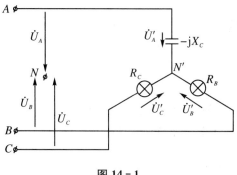

图 14 - 1

$$\dot{U}_{N'N} = \cfrac{U_{\mathrm{P}}\left(\cfrac{1}{-\mathrm{j}R}\right) + U_{\mathrm{P}}\left(-\cfrac{1}{2}-\mathrm{j}\cfrac{\sqrt{3}}{2}\right)\left(\cfrac{1}{R}\right) + U_{\mathrm{P}}\left(-\cfrac{1}{2}+\mathrm{j}\cfrac{\sqrt{3}}{2}\right)\left(\cfrac{1}{R}\right)}{-\cfrac{1}{\mathrm{j}R}+\cfrac{1}{R}+\cfrac{1}{R}}$$

$$\dot{U}_B' = \dot{U}_B - \dot{U}_{N'N} = U_{\mathrm{P}}\left(-\frac{1}{2}-\mathrm{j}\frac{\sqrt{3}}{2}\right) - U_{\mathrm{P}}(-0.2+\mathrm{j}0.6)$$

$$= U_{\mathrm{P}}(-0.3-\mathrm{j}1.466) = 1.49\,\underline{/-101.6^\circ}\,U_{\mathrm{P}}$$

$$\dot{U}_C' = \dot{U}_C - \dot{U}_{N'N} = U_{\mathrm{P}}\left(-\frac{1}{2}+\mathrm{j}\frac{\sqrt{3}}{2}\right) - U_{\mathrm{P}}(-0.2+\mathrm{j}0.6)$$

$$= U_{\mathrm{P}}(-0.3+\mathrm{j}0.266) = 0.4\,\underline{/-138.4^\circ}\,U_{\mathrm{P}}$$

由于 $\dot{U}_B' > \dot{U}_C'$，故 B 相灯光较亮.

设未并联电容前 $\cos\varphi = \dfrac{P}{UI_1}$，并联电容后 $\cos\varphi' = \dfrac{P}{UI}$，由 $\cos\varphi$ 提高到$\cos\varphi'$ 所需的电容值为

$$C = \frac{P}{\omega U^2}(\tan\varphi - \tan\varphi')$$

灯管电路模型参数

$$R = \frac{U_R}{I_1}$$

镇流器电路模型参数

$$r = \frac{P}{I_1^2} - R$$

$$X_L = \sqrt{\left(\frac{U_L}{I_1}\right)^2 - r^2}$$

四、实验内容

(一) 相序的测定

(1) 用 220 V,15 W 白炽灯和 1 μF/500 V 电容器,按图 14-1 接线,经三相调压器接入线电压为 220 V 的三相交流电源,观察两只灯泡的亮、暗,判断三相交流电源的相序.

(2) 将电源线任意调换两相后再接入电路,观察两灯的明亮状态,判断三相交流电源的相序.

(二) 电路功率(P)和功率因数(cos φ)的测定

按图 14-2 接线,按表 14-1 所述在 A,B 间接入不同器件,记录 cos φ 值及其他各表的读数,并分析负载性质.

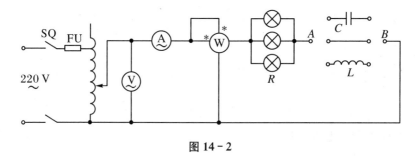

图 14-2

表 14-1

A,B 间	U(V)	U_R(V)	U_L(V)	U_C(V)	I(V)	P(W)	cos φ	负载性质
短接								
接入 C								
接入 L								
接入 L 和 C								

注:C 为 4.7 μF/500 V,L 为 40 W 日光灯镇流器.

五、实验注意事项

每次改接线路都必须先断开电源.

六、实验报告要求

（1）简述实验线路的相序检测原理.

（2）根据 U,I,P 三表测定的数据，计算出 $\cos\varphi$，并与 $\cos\varphi$ 值的读数比较，分析误差原因.

（3）分析负载性质与 $\cos\varphi$ 的关系.

（4）心得体会及其他.

七、实验思考题

根据电路理论，分析图 14-1 检测相序的原理.

实验十五　三相异步电动机的 Y-△ 起动控制

一、实验目的

(1) 熟悉三相鼠笼式异步电动机的结构和额定值.
(2) 学习检验异步电动机绝缘情况的方法.
(3) 学习三相异步电动机定子绕组首、末端的判别方法.
(4) 掌握三相鼠笼式异步电动机的起动和反转方法.

二、实验设备

序号	名称	型号与规格	数量	备注
1	三相交流电源	380 V、220 V	1	DG01
2	三相鼠笼式异步电动机	DJ24	1	
3	兆欧表	500 V	1	自备
4	交流电压表	0~500 V	1	D33
5	交流电流表	0~5 A	1	D32
6	万用电表		1	自备

三、实验原理

(一) 三相鼠笼式异步电动机的结构

异步电动机是基于电磁原理把交流电能转换为机械能的一种旋转电机.

三相鼠笼式异步电动机的基本结构有定子和转子两大部分.

定子主要由定子铁芯、三相对称定子绕组和机座等组成,是电动机的静止部分.三相定子绕组一般有六根引出线,出线端装在机座外面的接线盒内,如图15-1

所示,根据三相电源电压的不同,三相定子绕组可以接成星形(Y)或三角形(△),然后与三相交流电源相连.

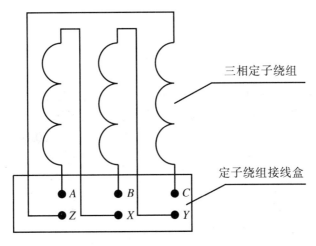

图 15-1

转子主要由转子铁芯、转轴、鼠笼式转子绕组、风扇等组成,是电动机的旋转部分.小容量鼠笼式异步电动机的转子绕组大都采用铝浇铸而成,冷却方式一般采用扇冷式.

(二) 三相鼠笼式异步电动机的铭牌

三相鼠笼式异步电动机的额定值标记在电动机的铭牌上,如表 15-1 所示,为本实验装置三相鼠笼式异步电动机铭牌.

表 15-1

型号	DJ24	电流	1.13 A/0.65 A
电压	380 V/220 V	转速	1400 转/分
接法	Y/△	定额	连续
功率	180 W		

其中:

(1) 功率为额定运行情况下,电动机轴上输出的机械功率.

(2) 电压为额定运行情况下,定子三相绕组应加的电源线电压值.

(3) 接法为定子三相绕组接法,当额定电压为 380 V(220 V)时,应为 Y(△)接法.

(4) 电流为额定运行情况下,当电动机输出额定功率时,定子电路的线电流值.

（三）三相鼠笼式异步电动机的检查

电动机使用前应做必要的检查.

1．机械检查

检查引出线是否齐全、牢靠；转子转动是否灵活、匀称，有没有异常声响等.

2．电气检查

（1）用兆欧表检查电机绕组间及绕组与机壳之间的绝缘性能，电动机的绝缘电阻可以用兆欧表进行测量.对于额定电压为 1 kV 以下的电动机，其绝缘电阻值最低不得小于 1 000 Ω/V，测量方法如图 15-2 所示.一般 500 V 以下的中小型电动机最低应具有 2 MΩ 的绝缘电阻.

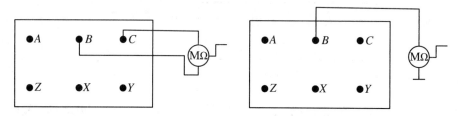

图 15-2

（2）定子绕组首、末端的判别.

异步电动机三相定子绕组的六个出线端有三个首端和三个末端.一般情况下，首端标以 A,B,C，末端标以 X,Y,Z，在接线时如果没有按照首、末端的标记来接，则当电动机起动时磁势和电流就会不平衡，因而引起绕组发热、振动、有噪音，甚至电动机不能起动，因过热而烧毁.若由于某种原因定子绕组六个出线端标记无法辨认，则可以通过实验方法来判别其首、末端（即同名端）.方法如下：

用万用电表欧姆挡从六个出线端中确定哪一对引出线是属于同一相的，分别找出三相绕组，并标以符号，如 $A,X；B,Y；C,Z$.将其中的任意两相绕组串联，如图 15-3 所示.

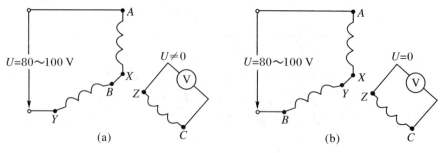

(a)　　　　　　　　　　　　　　(b)

图 15-3

将控制屏三相自耦调压器手柄置零位,开启电源总开关,按下启动按钮,接通三相交流电源.调节调压器输出,使在相串联的两相绕组出线端施以单相低电压 $U=80\sim100$ V,测出第三相绕组的电压,如测得的电压值有一定读数,表示两相绕组的末端与首端相连,如图 15-3(a)所示.反之,如测得的电压近似为零,则两相绕组的末端与末端(或首端与首端)相连,如图 15-3(b)所示.用同样方法可测出第三相绕组的首、末端.

(四)三相鼠笼式异步电动机的起动

鼠笼式异步电动机的直接起动电流可达额定电流的 4~7 倍,但持续时间很短,不至于引起电机过热而烧坏.但对于容量较大的电机,过大的起动电流会导致电网电压的下降而影响其他负载的正常运行,通常采用降压起动,最常用的是 Y-△换接起动,它可使起动电流减小到直接起动的 1/3.其使用的条件是正常运行必须作△接法.

(五)三相鼠笼式异步电动机的反转

异步电动机的旋转方向取决于三相电源接入定子绕组时的相序,故只要改变三相电源与定子绕组连接的相序即可使电动机改变旋转方向.

四、实验内容

(1) 抄录三相鼠笼式异步电动机的铭牌数据,并观察其结构.
(2) 用万用电表判别定子绕组的首、末端.
(3) 用兆欧表测量电动机的绝缘电阻.

各相绕组之间的绝缘电阻(MΩ)	A 相与 B 相	
	A 相与 C 相	
	B 相与 C 相	
绕组对地(机座)之间的绝缘电阻(MΩ)	A 相与地(机座)	
	B 相与地(机座)	
	C 相与地(机座)	

(4) 鼠笼式异步电动机的直接起动.
① 采用 380 V 三相交流电源.

将三相自耦调压器手柄置于输出电压为零的位置,控制屏上三相电压表切换开关置"调压输出"侧.根据电动机的容量选择交流电流表合适的量程.

开启控制屏上三相电源总开关,按启动按钮,此时自耦调压器原绕组端 U_1, V_1, W_1 得电,调节调压器输出使 U, V, W 端输出线电压为 380 V,三只电压表指示应基本平衡.保持自耦调压器手柄位置不变,按停止按钮,自耦调压器断电.

a. 按图 15 - 4 接线,电动机三相定子绕组接成 Y 形接法;供电线电压为 380 V;实验线路中 Q1 及 FU 由控制屏上的接触器 KM 和熔断器 FU 代替,学生可由 U, V, W 端子开始接线,以后各控制实验均同此.

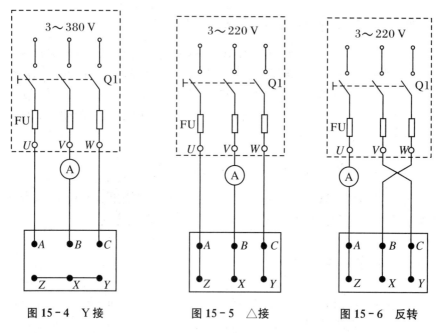

图 15 - 4 Y 接 　　图 15 - 5 △接 　　图 15 - 6 反转

b. 按控制屏上启动按钮,电动机直接起动,观察起动瞬间电流冲击情况及电动机旋转方向,记录起动电流.当起动运行稳定后,将电流表量程切换至较小量程挡位上,记录空载电流.

c. 电动机稳定运行后,突然拆除 U, V, W 中的任一相电源(注意小心操作,以免触电),观测电动机作单相运行时电流表的读数并记录之.再仔细倾听电机的运行声音有何变化.(可由指导教师做示范操作.)

d. 电动机起动之前先断开 U, V, W 中的任一相,做缺相起动,观测电流表读数,并记录之,观察电动机有没有起动,再仔细倾听电动机有没有发出异常的声响.

e. 实验完毕,按控制屏停止按钮,切断实验线路三相电源.

② 采用 220 V 三相交流电源.

调节调压器输出使输出线电压为 220 V,电动机定子绕组接成△形接法.按图 15 - 5 接线,重复①中各项内容,并记录之.

(5) 异步电动机的反转.

电路如图 15-6 所示,按控制屏启动按钮,起动电动机,观察起动电流及电动机旋转方向是否反转.

实验完毕,将自耦调压器调回零位,按控制屏停止按钮,切断实验线路三相电源.

五、实验注意事项

(1) 本实验系强电实验,接线前(包括改接线路)、实验后都必须断开实验线路的电源,特别是改接线路和拆线时必须遵守"先断电,后拆线"的原则.电机在运转时,电压和转速均很高,切勿触碰导电和转动部分,以免发生人身和设备事故.为了确保安全,学生应穿绝缘鞋进入实验室.接线或改接线路必须经指导教师检查后方可进行实验.

(2) 起动电流持续时间很短,且只能在接通电源的瞬间读取电流表指针偏转的最大读数(因指针偏转的惯性,此读数与实际的起动电流数据略有误差),如错过这一瞬间,须将电机停止,待停稳后,重新起动并读取数据.

(3) 单相(即缺相)运行时间不能太长,以免因电流过大而导致电机损坏.

六、实验报告要求

(1) 总结对三相鼠笼机绝缘性能检查的结果,判断该电机是否完好可用.

(2) 对三相鼠笼机的起动、反转及各种故障情况进行分析.

七、实验思考题

(1) 如何判断异步电动机的六个引出线? 如何连接成 Y 形或△形? 又根据什么来确定该电动机作 Y 连接或△连接?

(2) 缺相是三相电动机运行中的一大故障,在起动或运转时发生缺相,会出现什么现象? 有何后果?

(3) 电动机转子被卡住不能转动,如果定子绕组接通三相电源将会发生什么后果?

二、电子技术部分（模拟电路）

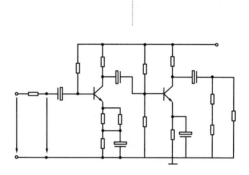

实验十六 晶体特性参数的测试

一、实验目的

（1）加深对三极管的输入、输出特性曲线的理解和掌握.

（2）学会逐点测绘晶体三极管共发射极输入特性曲线族和输出特性曲线族的方法.

二、实验设备

序号	名称	数量	备注
1	模拟电路实验装置	1	
2	示波器	1	
3	函数信号发生器	1	
4	万用表	1	

三、实验原理

直接利用直流电源和直流电表对晶体三极管的输入和输出特性曲线进行逐点测量，这种方法称为逐点测量法.采用逐点测量法，必须根据晶体管特性曲线的特点测量选用合适的直流供电电源.图16-1是晶体三极管输入、输出特性曲线测试原理图.图中输入端用一个可调直流恒流源提供基极电流，这样可以平稳地调节基极电流 i_b，同时，当集电极电压 u_{ce} 发生变化时（特别是在饱和区），能够保持基极电流 i_b 不变.同样理由，集电极电压 u_{ce} 用一个可调直流恒压源供电.在测量特性曲线时，在 i_b 变化引起集电极电流 i_c 变化的情况下，u_{ce} 能够维持恒定；同时，调节直流恒压源可以平稳地改变 u_{ce} 的数值，以便于测量.

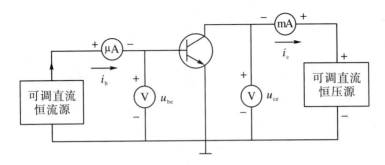

图 16-1　晶体三极管特性曲线测试原理图

（一）测绘输入特性曲线族

共发射极输入特性曲线表示以集电极电压 u_{ce} 作为参变量，输入电压 u_{be} 与输入电流 i_b 之间的关系，即

$$u_{be} = f_{1e}(i_b) \mid u_{ce} = 常数$$

晶体三极管的共发射极输入特性曲线族如图 16-2 所示。NPN 型三极管的测试电路如图 16-3 所示。图中，为了近似实现可调直流恒流源，亦输入端由可调直流电压源（由 E_b 和 R_{W1} 组成）串接 51 kΩ 的大阻值电阻 R 加到三极管的基极上。为了便于调节集电极电压 u_{ce}，在输出端可调直流恒压源的两端并接了一个电位器 R_{W2}。

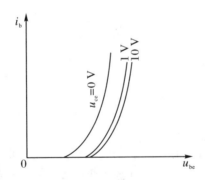

图 16-2　晶体三极管的共发射极输入特性曲线族

（二）测绘输出特性曲线族

共发射极输出特性曲线表示以输入电流 i_b 作为参变量，输出电流 i_c 与输出电压 u_{ce} 的关系，即

$$i_c = f_{2e}(u_{ce}) \mid i_b = 常数$$

晶体三极管的共发射极输出特性曲线族如图 16-4 所示.图中,为了将截止区表示出来,故意将 $i_b=0$ 的输出特性曲线加以抬高(截止区加以放大).

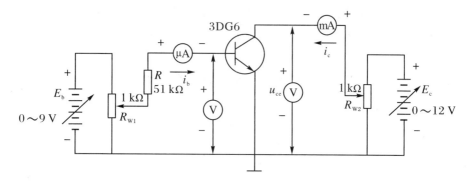

图 16-3　NPN 型三极管的输出、输入特性曲线的测试电路

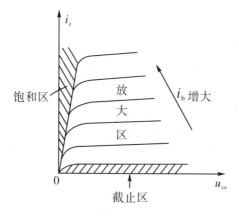

图 16-4　晶体三极管的共发射极输出特性曲线族

由图 16-4 可知,三极管的输出特性曲线族由三个工作区域组成,即饱和区、放大区和截止区.进行线性放大时,晶体管应工作在放大区.NPN 型三极管的输出特性曲线的测试线路如图 16-3 所示,它的工作原理与图 16-1 相同,这里不再赘述.

四、实验内容

(一)测量晶体管 3DG6 的输入特性曲线族

(1) 按照图 16-3 接好测试电路.
(2) 测量 $u_{ce}=0$ V 时的 $i_b \sim u_{be}$ 曲线.
断开 E_c,直接将晶体管 c,e 之间短接,使 $u_{ce}=0$.用电压表测量 u_{bc} 的值,电压表的"测量选择"旋钮置 V,"测量范围"旋钮置 1 V 挡. 调节 E_b 及电位器 R_{W1},使 i_b 等于表 16-1 中的各个数值(由毫安表读出),由电压表读出相应的 u_{be} 值,并填入表 16-1 中. 注意,测量前,电压表应先调零,测量过程中如果电压表量程换挡,必须重新调零. 为了减小通过电压表的电流对读数的影响,电压表的输入阻抗应足够大.

表 16-1 三极管 3DG6 的输入特性测量数据

$u_{ce}(\text{V})$ ╲ $u_{be}(\text{V})$ ╲ $i_b(\mu\text{A})$	1	5	10	20	40	60	80
0							
1							
10							

(3) 测量 $u_{ce}=1$ V 时的 $i_b \sim u_{be}$ 曲线.

调节电源 E_c 和电位器 R_{W2} 使 $u_{ce}=1$ V,重复上面的测试,将测量数据填入表 16-1 中.

(4) 用同样方法测量 $u_{ce}=10$ V 时的 $i_b \sim u_{be}$ 曲线.

(二)测量晶体管 3DG6 的共发射极输出特性曲线族

(1) 按照图 16-3 接好测试电路.

(2) 测量 $i_b=0$ 时的 $i_c \sim u_{ce}$ 曲线.

将基极 b 开路,使 $i_b=0$,然后调节稳压电源 E_c 和电位器 R_{W2},使 u_{ce} 在 0~10 V 之间变化. 由直流毫安表读出相对应的 i_c 值,并填入表 16-2 中.

表 16-2 三极管 3DG6 的输出特性测量数据

$i_b(\mu\text{A})$ ╲ $i_c(\text{mA})$ ╲ $u_{ce}(\text{V})$	0	0.1	0.2	0.4	0.6	0.8	1.0	3.0	5.0	10
0										
20										
40										
60										
80										

（3）调节电源 E_b 和电位器 R_{w1} 使 i_b 分别为 20、40、60、80(μA)，重复上面的测量，将测量数据填入表 16－2 中.

五、实验报告要求

（1）根据在实验中测量的数据，在方格纸上分别画出晶体三极管的输入、输出特性曲线族，并简述其主要特点.曲线的描绘要求工整、光滑.三极管的输入特性曲线族如图 16－5 所示.

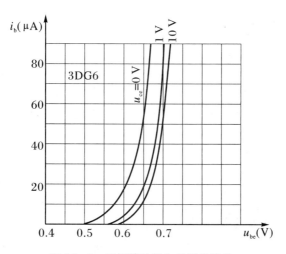

图 16－5　三极管的输入特性曲线族

（2）在所描绘的输出特性曲线族上，求出 $u_{ce} = 5$ V 时 $i_b = 20\ \mu$A 和 60 μA 的 $\bar{\beta}$ 值.

六、实验思考题

（1）在图 16－1 中，为什么输入回路要用恒流源供电，而输出回路要用恒压源供电？

（2）为什么表 16－1 和表 16－2 中的测量点不取均匀间隔？

实验十七　单管共发射极放大电路

一、实验目的

（1）掌握单管共发射极放大电路静态工作点的测量和调整方法.
（2）了解电路参数变化对静态工作点的影响.
（3）掌握单管共发射极放大电路动态指标（A_u，R_i，R_o）的测量方法.

二、实验设备

序号	名称	数量	备注
1	模拟电路实验装置	1	
2	示波器	1	
3	函数信号发生器	1	
4	交流毫伏表	1	
5	万用表	1	

三、实验原理

图 17-1 为电阻分压式工作点稳定单管放大器实验电路图.它的偏置电路采用由 R_{B1} 和 R_{B2} 组成的分压电路,并在发射极中接有电阻 R_E,以稳定放大器的静态工作点.当在放大器的输入端加入输入信号 u_i 后,在放大器的输出端便可得到一个与 u_i 相位相反、幅值被放大了的输出信号 u_o,从而实现了电压放大.

在图 17-1 电路中,当流过偏置电阻 R_{B1} 和 R_{B2} 的电流远大于晶体管 T 的基极电流 I_B 时（一般为 5～10 倍）,它的静态工作点可用下式估算:

$$U_B \approx \frac{R_{B1}}{R_{B1} + R_{B2}} U_{CC}$$

$$I_E \approx \frac{U_B - U_{BE}}{R_E} \approx I_C$$

$$U_{CE} = U_{CC} - I_C(R_C + R_E)$$

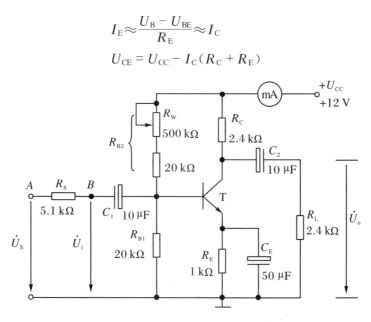

图 17 - 1　单管共发射极放大器实验电路

电压放大倍数

$$A_u = -\beta \frac{R_C /\!/ R_L}{r_{be}}$$

输入电阻

$$R_i = R_{B1} /\!/ R_{B2} /\!/ r_{be}$$

输出电阻

$$R_o \approx R_C$$

　　由于电子器件性能的分散性比较大,因此在设计和制作晶体管放大电路时,离不开测量和调试技术.在设计前应测量所用元器件的参数,为电路设计提供必要的依据,在完成设计和装配以后,还必须测量和调试放大器的静态工作点与各项性能指标.一个优质放大器,必定是理论设计与实验调整相结合的产物.因此,除了学习放大器的理论知识和设计方法外,还必须掌握必要的测量和调试技术.

　　放大器的测量和调试一般包括放大器静态工作点的测量与调试、消除干扰与自激振荡以及放大器各项动态参数的测量与调试等.

（一）放大器静态工作点的测量与调试

1. 静态工作点的测量

　　测量放大器的静态工作点,应在输入信号 $u_i = 0$ 的情况下进行,即将放大器输入端与地端短接,然后选用量程合适的直流毫安表和直流电压表,分别测量晶体管

的集电极电流 I_C 以及各电极对地的电位 U_B，U_C 和 U_E. 一般实验中，为了避免断开集电极，经常采用测量电压 U_E 或 U_C，然后算出 I_C 的方法，例如，只要测出 U_E，即可用

$$I_C \approx I_E = \frac{U_E}{R_E}$$

算出 I_C（也可根据 $I_C = \frac{U_{CC} - U_C}{R_C}$，由 U_C 确定 I_C）. 同时也能算出 $U_{BE} = U_B - U_E$，$U_{CE} = U_C - U_E$.

为了减小误差，提高测量精度，应选用内阻较高的直流电压表.

2. 静态工作点的调试

放大器静态工作点的调试是指对管子集电极电流 I_C（或 U_{CE}）的调整与测试.

静态工作点是否合适，对放大器的性能和输出波形都有很大影响. 如工作点偏高，放大器在加入交流信号以后易产生饱和失真，此时 u_o 的负半周将被削底，如图 17-2(a)所示；如工作点偏低，则易产生截止失真，即 u_o 的正半周被缩顶（一般截止失真不如饱和失真明显），如图 17-2(b)所示. 这些情况都不符合不失真放大的要求. 所以在选定工作点以后还必须进行动态调试，即在放大器的输入端加入一定的输入电压 u_i，检查输出电压 u_o 的大小和波形是否满足要求. 如不满足，则应调节静态工作点的位置.

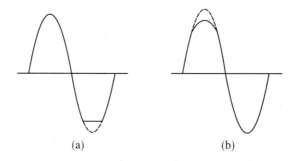

(a)　　　　　　　　　　(b)

图 17-2　静态工作点对 u_o 波形失真的影响

改变电路参数 U_{CC}，R_C，R_B（R_{B1}，R_{B2}）都会引起静态工作点的变化，如图 17-3 所示. 但通常多采用调节偏置电阻 R_{B2} 的方法来改变静态工作点，如减小 R_{B2}，则可使静态工作点提高等.

最后还要说明的是，上面所说的工作点"偏高"或"偏低"不是绝对的，应该是相对于信号的幅度而言的，如输入信号幅度很小，即使工作点较高或较低也不一定会出现失真. 所以确切地说，产生波形失真是信号幅度与静态工作点设置配合不当所致的. 如需满足较大信号幅度的要求，静态工作点最好要尽量靠近交流负载线的中点.

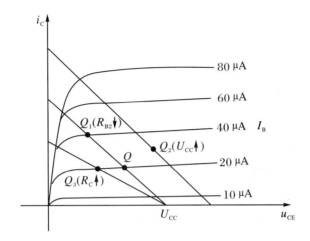

图 17 - 3　电路参数对静态工作点的影响

（二）放大器动态指标测试

放大器动态指标包括电压放大倍数、输入电阻、输出电阻、最大不失真输出电压（动态范围）和通频带等.

1. 电压放大倍数 A_u 的测量

调整放大器到合适的静态工作点,然后加入输入电压 u_i,在输出电压 u_o 不失真的情况下,用交流毫伏表测出 u_i 和 u_o 的有效值 U_i 和 U_o,则

$$A_u = \frac{U_o}{U_i}$$

2. 输入电阻 R_i 的测量

为了测量放大器的输入电阻,按图 17 - 4 电路在被测放大器的输入端与信号源之间串入一已知电阻 R,在放大器正常工作的情况下,用交流毫伏表测出 U_S 和 U_i,则根据输入电阻的定义可得

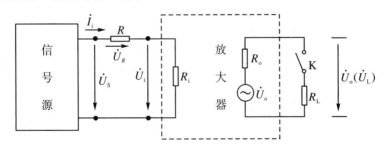

图 17 - 4　输入、输出电阻测量电路

$$R_i = \frac{U_i}{I_i} = \frac{U_i}{\dfrac{U_R}{R}} = \frac{U_i}{U_S - U_i}R$$

测量时应注意以下几点:

(1) 由于电阻 R 两端没有电路公共接地点,所以测量 R 两端电压 U_R 时必须分别测出 U_S 和 U_i,然后按 $U_R = U_S - U_i$ 求出 U_R 值.

(2) 电阻 R 的值不宜取得过大或过小,以免产生较大的测量误差,通常取 R 与 R_i 为同一数量级为好,本实验可取 $R = 1 \sim 2$ kΩ.

3. 输出电阻 R_o 的测量

按图 17-4 电路,在放大器正常工作条件下,测出输出端不接负载 R_L 的输出电压 U_o 和接入负载后的输出电压 U_L,根据

$$U_L = \frac{R_L}{R_o + R_L}U_o$$

即可求出

$$R_o = \left(\frac{U_o}{U_L} - 1\right)R_L$$

在测试中应注意,必须保持 R_L 接入前后输入信号的大小不变.

4. 最大不失真输出电压 U_{oPP} 的测量(最大动态范围)

如上所述,为了得到最大动态范围,应将静态工作点调在交流负载线的中点.为此在放大器正常工作情况下,逐步增大输入信号的幅度,并同时调节 R_W(改变静态工作点),用示波器观察 u_o,当输出波形同时出现削底和缩顶现象(如图 17-5 所示)时,说明静态工作点已调在交流负载线的中点.然后反复调整输入信号,当波形输出幅度最大,且无明显失真时,用交流毫伏表测出 U_o(有效值),则动态范围等于 $2\sqrt{2}U_o$.或用示波器直接读出 U_{oPP} 来.

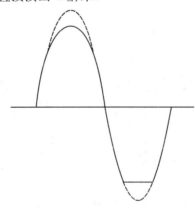

图 17-5 静态工作点正常、输入信号太大引起的失真

5. 放大器幅频特性的测量

放大器的幅频特性是指放大器的电压放大倍数 A_u 与输入信号频率 f 之间的关系曲线. 单管阻容耦合放大电路的幅频特性曲线如图 17-6 所示, A_{um} 为中频电压放大倍数. 通常规定电压放大倍数随频率变化下降到中频放大倍数的 $1/\sqrt{2}$, 即 $0.707A_{um}$ 所对应的频率分别称为下限频率 f_L 和上限频率 f_H, 则通频带 $f_{BW} = f_H - f_L$.

放大器的幅率特性就是测量不同频率信号时的电压放大倍数 A_u. 为此, 可采用前述测 A_u 的方法, 每改变一个信号频率, 就测量其相应的电压放大倍数, 测量时应注意取点要恰当, 在低频段与高频段应多测几点, 在中频段可以少测几点. 此外, 在改变频率时, 要保持输入信号的幅度不变, 且输出波形不得失真.

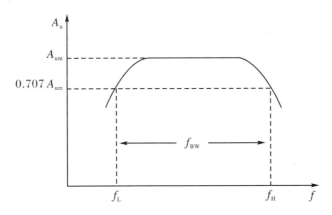

图 17-6　单管阻容耦合放大电路的幅频特性曲线

四、实验内容

实验电路如图 17-1 所示, 电子仪器可按实验十六中图 16-1 所示方式连接. 为防止干扰, 各仪器的公共端必须连在一起, 同时信号源、交流毫伏表和示波器的引线应采用专用电缆线或屏蔽线, 如使用屏蔽线, 则屏蔽线的外包金属网应接在公共接地端上.

（一）调试静态工作点

接通直流电源前, 先将 R_W 调至最大, 函数信号发生器输出旋钮旋至零. 接通 $+12$ V 电源, 调节 R_W 使 $I_C = 2.0$ mA (即 $U_E = 2.0$ V), 用直流电压表测量 U_B, U_E, U_C 值及用万用表测量 R_{B2} 值, 记入表 17-1 中.

表 17 - 1　静态测量数据($I_C = 2.0$ mA)

测量值				计算值		
U_B(V)	U_E(V)	U_C(V)	R_{B2}(kΩ)	U_{BE}(V)	U_{CE}(V)	I_C(mA)

（二）测量电压放大倍数

在放大器输入端加入频率为 1 kHz 的正弦信号 u_S,调节函数信号发生器的输出旋钮使放大器输入电压 $U_i \approx 10$ mV,同时用示波器观察放大器输出电压 u_o 波形,在波形不失真的条件下用交流毫伏表测量下述三种情况下的 U_o 值,并用双踪示波器观察 u_o 和 u_i 的相位关系,记入表 17 - 2 中.

表 17 - 2　电压放大倍数测量数据($I_C = 2.0$ mA, $U_i = $ _____ mV)

R_C(kΩ)	R_L(kΩ)	U_o(V)	A_u	观察记录一组 u_i 和 u_o 波形
2.4	∞			
1.2	∞			
2.4	2.4			

（三）观察静态工作点对电压放大倍数的影响

取 $R_C = 2.4$ kΩ, $R_L = \infty$, U_i 适量,调节 R_w,用示波器监视输出电压波形,在 u_o 不失真的条件下,测量数组 I_C 和 U_o 的值,记入表 17 - 3 中.

表 17 - 3　静态对电压增益的影响($R_C = 2.4$ kΩ, $R_L = \infty$, $U_i = $ _____ mV)

I_C(mA)		2.0	
U_o(V)			
A_u			

测量 I_C 时,要先将信号源输出旋钮旋至零(即使 $U_i = 0$).

（四）观察静态工作点对输出波形失真的影响

取 $R_C = 2.4$ kΩ, $R_L = 2.4$ kΩ, $u_i = 0$,调节 R_w 使 $I_C = 2.0$ mA,测出 U_{CE} 值,再逐步加大输入信号,使输出电压 u_o 足够大但不失真.然后保持输入信号不变,分别增大和减小 R_w,使波形出现失真,绘出 u_o 的波形,并测出失真情况下的 I_C 和

U_{CE}值,记入表 17-4 中.每次测 I_C 和 U_{CE} 的值时都要将信号源的输出旋钮旋至零.

表 17-4 截幅失真情况($R_C = 2.4\ \text{k}\Omega, R_L = 2.4\ \text{k}\Omega, u_i = 0$)

$I_C(\text{mA})$	$U_{CE}(\text{V})$	u_o 波形	失真情况	管子工作状态
2.0				

(五)测量最大不失真输出电压

取 $R_C = 2.4\ \text{k}\Omega, R_L = 2.4\ \text{k}\Omega$,同时调节输入信号的幅度和电位器 R_W,用示波器和交流毫伏表测量 U_{oPP} 及 U_o 值,记入表 17-5 中.

表 17-5 动态范围测试($R_C = 2.4\ \text{k}\Omega, R_L = 2.4\ \text{k}\Omega$)

$I_C(\text{mA})$	$U_{im}(\text{mV})$	$U_{om}(\text{V})$	$U_{oPP}(\text{V})$

*(六)测量输入电阻和输出电阻

取 $R_C = 2.4\ \text{k}\Omega, R_L = 2.4\ \text{k}\Omega, I_C = 2.0\ \text{mA}$.输入 $f = 1\ \text{kHz}$ 的正弦信号,在输出电压 u_o 不失真的情况下,用交流毫伏表测出 U_S, U_i 和 U_L 值,记入表 17-6 中.

保持 U_S 不变,断开 R_L,测量输出电压 U_o,记入表 17-6 中.

表 17-6 输入、输出电阻测量($I_C = 2.0\ \text{mA}, R_C = 2.4\ \text{k}\Omega, R_L = 2.4\ \text{k}\Omega$)

$U_S(\text{mV})$	$U_i(\text{mV})$	$R_i(\text{k}\Omega)$		$U_L(\text{V})$	$U_o(\text{V})$	$R_o(\text{k}\Omega)$	
		测量值	计算值			测量值	计算值

*（七）测量幅频特性曲线

取 $I_C = 2.0$ mA，$R_C = 2.4$ kΩ，$R_L = 2.4$ kΩ。保持输入信号 u_i 的幅度不变，改变信号源频率 f，逐点测出相应的输出电压 U_o，记入表17-7中。

表17-7　幅频特性测试（$U_i =$ _____ mV）

	f_i	f_o	f_n
f(kHz)			
U_o(V)			
A_u			

为了信号源频率 f 取值合适，可先粗测一下，找出中频范围，然后再仔细读数。
说明：本实验内容较多，其中（六）、（七）部分可作为选做内容。

五、实验报告要求

（1）列表整理测量结果，并把实测的静态工作点、电压放大倍数、输入电阻、输出电阻之值与理论计算值相比较，分析产生误差的原因。
（2）总结 RC，RL 及静态工作点对放大器性能的影响。
（3）分析讨论在调试过程中出现的问题。

六、实验思考题

（1）能否用直流电压表直接测量晶体管的 U_{BE}？为什么实验中要采用先测 U_B，U_E，再间接算出 U_{BE} 的方法？
（2）测试中，如果将函数信号发生器、交流毫伏表、示波器中任一仪器的两个测试端子接线换位，将会出现什么问题？
（3）在测试 A_u，R_i 和 R_o 时应该怎样选择输入信号的大小和频率？为什么信号频率一般选 1 kHz，而不选 100 kHz 或更高？

实验十八　射极跟随器

一、实验目的

(1) 掌握射极跟随器的特性及测试方法.
(2) 进一步学习放大器各项参数测试方法.

二、实验设备

序号	名称	数量	备注
1	模拟电路实验装置	1	
2	示波器	1	
3	函数信号发生器	1	
4	交流毫伏表	1	
5	万用表	1	

三、实验原理

射极跟随器的原理图如图 18-1 所示.它是一个电压串联负反馈放大电路,具有输入电阻高,输出电阻低,电压放大倍数接近于 1,输出电压能够在较大范围内跟随输入电压作线性变化以及输入、输出信号同相等特点.

射极跟随器的输出取自发射极,故称其为射极输出器.

(一) 输入电阻 R_i

在如图 18-1 所示电路中,有
$$R_i = r_{be} + (1 + \beta) R_E$$
如考虑偏置电阻 R_B 和负载 R_L 的影响,则

$$R_i = R_B // [r_{be} + (1+\beta)(R_E // R_L)]$$

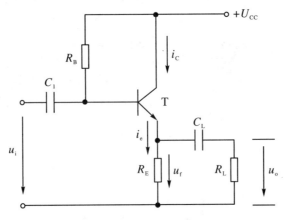

图 18-1　射极跟随器

由上式可知射极跟随器的输入电阻 R_i 比共射极单管放大器的输入电阻 $R_i = R_B // r_{be}$ 要高得多,但由于偏置电阻 R_B 的分流作用,输入电阻难以进一步提高.

输入电阻的测试方法同单管放大器,实验线路如图 18-2 所示.

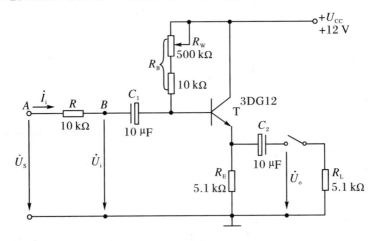

图 18-2　射极跟随器实验电路

$$R_i = \frac{U_i}{I_i} = \frac{U_i}{U_S - U_i} R$$

即只要测得 A,B 两点的对地电位即可计算出 R_i.

(二) 输出电阻 R_o

在如图 18-1 所示电路中,有

$$R_o = \frac{r_{be}}{\beta} /\!/ R_E \approx \frac{r_{be}}{\beta}$$

如考虑信号源内阻 R_S,则

$$R_o = \frac{r_{be} + (R_S /\!/ R_B)}{\beta} /\!/ R_E \approx \frac{r_{be} + (R_S /\!/ R_B)}{\beta}$$

由上式可知,射极跟随器的输出电阻 R_o 比共射极单管放大器的输出电阻 R_o $\approx R_C$ 要低得多.三极管的 β 愈高,输出电阻愈小.

输出电阻 R_o 的测试方法亦同单管放大器,即先测出空载输出电压 U_o,再测接入负载 R_L 后的输出电压 U_L,根据

$$U_L = \frac{R_L}{R_o + R_L} U_o$$

即可求出

$$R_o = \left(\frac{U_o}{U_L} - 1\right) R_L$$

（三）电压放大倍数

在如图 18-1 所示电路中,有

$$A_u = \frac{(1+\beta)(R_E /\!/ R_L)}{r_{be} + (1+\beta)(R_E /\!/ R_L)} \leqslant 1$$

上式说明射极跟随器的电压放大倍数小于或等于 1,且为正值.这是深度电压负反馈的结果.但它的射极电流仍比基流大 $(1+\beta)$ 倍,所以它具有一定的电流和功率放大作用.

（四）电压跟随范围

电压跟随范围是指射极跟随器输出电压 u_o 跟随输入电压 u_i 作线性变化的区域.当 u_i 超过一定范围时,u_o 便不能跟随 u_i 作线性变化,即 u_o 波形产生了失真.为了使输出电压 u_o 正、负半周对称,并充分利用电压跟随范围,静态工作点应选在交流负载线中点,测量时可直接用示波器读取 u_o 的峰—峰值,即电压跟随范围,或用交流毫伏表读取 u_o 的有效值,则电压跟随范围

$$u_{oPP} = 2\sqrt{2} U_o$$

四、实验内容

按图 18-2 连接电路.

（一）静态工作点的调整

接通 +12 V 直流电源，在 B 点加入 $f = 1$ kHz 的正弦信号 u_i，输出端用示波器监视输出波形，反复调整 R_W 及信号源的输出幅度，使示波器的屏幕上出现一个最大不失真输出波形，然后置 $u_i = 0$，用直流电压表测量晶体管各电极对地电位，将测得数据记入表 18-1 中．

表 18-1　静态工作点参数

U_E(V)	U_B(V)	U_C(V)	I_E(mA)

在下面整个测试过程中应保持 R_W 值不变（即保持静工作点 I_E 不变）．

（二）测量电压放大倍数 A_u

接入负载 $R_L = 1$ kΩ，在 B 点加入 $f = 1$ kHz 的正弦信号 u_i，调节输入信号幅度，用示波器观察输出波形 u_o，在输出最大不失真的情况下，用交流毫伏表测 U_i，U_L 的值，记入表 18-2 中．

表 18-2　电压增益测量

U_i(V)	U_L(V)	A_u

（三）测量输出电阻 R_o

接上负载 $R_L = 1$ kΩ，在 B 点加入 $f = 1$ kHz 的正弦信号 u_i，用示波器监视输出波形，测空载输出电压 U_o，有负载时输出电压 U_L，记入表 18-3 中．

表 18-3　输出电阻测量

U_o(V)	U_L(V)	R_o(kΩ)

（四）测量输入电阻 R_i

在 A 点加入 $f = 1$ kHz 的正弦信号 u_s，用示波器监视输出波形，用交流毫伏表分别测出 A，B 点对地的电位 U_s，U_i，记入表 18-4 中．

表 18 - 4　输入电阻测量

$U_S(V)$	$U_i(V)$	$R_i(k\Omega)$

（五）测试跟随特性

接入负载 $R_L = 1\ k\Omega$，在 B 点加入 $f = 1\ kHz$ 的正弦信号 u_i，逐渐增大信号 u_i 幅度，用示波器监视输出波形直至输出波形达最大不失真，测量对应的 U_L 值，记入表 18 - 5 中.

表 18 - 5　跟随特性测量数据

$U_i(V)$			
$U_L(V)$			

（六）测试频率响应特性

保持输入信号 u_i 幅度不变，改变信号源频率，用示波器监视输出波形，用交流毫伏表测量不同频率下的输出电压 U_L 值，记入表 18 - 6 中.

表 18 - 6　频率响应特性测量数据

$f(kHz)$			
$U_L(V)$			

五、实验报告要求

（1）整理实验数据，计算跟随器的相关参数.

（2）求出输出电压跟随范围，并与用作图法求得的跟随范围相比较.

（3）根据测量结果，分析射极跟随器的性能和特点.

六、实验思考题

（1）R_B 电阻的选择对提高放大器的输入电阻有何影响？

（2）射极跟随器在实际电路中的作用是什么？

实验十九　负反馈放大电路

一、实验目的

加深理解放大电路中引入负反馈的方法和负反馈对放大器各项性能指标的影响.

二、实验设备

序号	名称	数量	备注
1	模拟电路实验装置	1	
2	示波器	1	
3	函数信号发生器	1	
4	交流毫伏表	1	
5	万用表	1	

三、实验原理

负反馈在电子电路中有着非常广泛的应用,虽然它使放大器的放大倍数降低,但能在多方面改善放大器的动态指标,如稳定放大倍数,改变输入、输出电阻,减小非线性失真和展宽通频带等.因此,几乎所有的实用放大器都带有负反馈.

负反馈共有四种类型,本实验仅对"电压串联"负反馈进行研究.实验电路由两级共射放大电路引入电压串联负反馈,构成负反馈放大器.

(一)带有负反馈的两级组容耦合放大电路

图 19 - 1 为带有负反馈的两级阻容耦合放大电路,在电路中通过 R_f 把输出电

压 u_o 引回到输入端,加在晶体管 T_1 的发射极上,在发射极电阻 R_{F1} 上形成反馈电压 u_f.根据反馈的判断法可知,它属于电压串联负反馈.

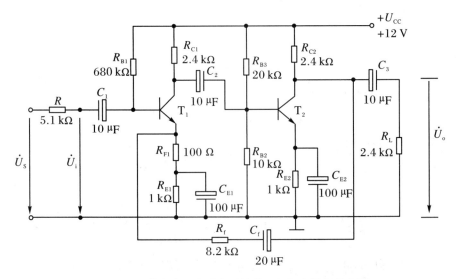

图19-1 带有电压串联负反馈的两级阻容耦合放大器

(二) 电压串联负反馈对放大器性能的影响

1. 引入负反馈降低了电压放大倍数

$$\dot{A}_{uf} = \frac{\dot{A}_u}{1 + \dot{A}_u \dot{F}_u}$$

其中,$\dot{F}_u$ 是反馈系数,$F_u = \dfrac{\dot{u}_f}{\dot{u}_o} = \dfrac{R_{e1}}{R_{e1} + R_f}$,$A_u$ 是放大器无级间反馈(即 $u_f = 0$,但要考虑反馈网络阻抗的影响)时的电压放大倍数,其值可由如图 19-2 所示交流等效电路求出.

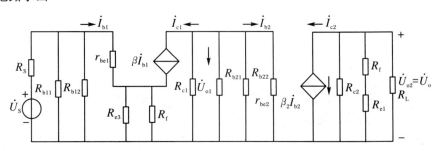

图19-2 求 A_u 的交流等效电路

设$(R_{b1} + R_S)\!/\!/R_2 \gg R_S$,则有

$$\dot{A}_{u1} = -\frac{\beta_1 R'_{L1}}{R_s + r_{be1} + (1 + \beta_1)R'_{e1}}$$

$$\dot{A}_{u2} = -\frac{\beta_2 R'_{L2}}{r_{be2}}$$

$$\dot{A}_u = \dot{A}_{u1} \cdot \dot{A}_{u2}$$

其中,第一级交流负载电阻

$$R'_{L1} = R_{c1}\!/\!/R_{i2} = R_{c1}\!/\!/R_{b21}\!/\!/R_{b22}\!/\!/r_{be2}$$

第二级交流负载电阻

$$R'_{L2} = R_{c2}\!/\!/(R_f + R_{e1})\!/\!/R_L$$

$$R'_{e1} = R_{e1}\!/\!/R_f$$

从式$\dot{A}_{uf} = \dfrac{\dot{A}_u}{1 + \dot{A}_u \dot{F}_u}$中可知,引入负反馈后,电压放大倍数$\dot{A}_{uf}$是没有负反馈时

的电压放大倍数$\dot{A}_u$的$\dfrac{1}{1 + \dot{A}_u \dot{F}_u}$,并且$|1 + \dot{A}_u \dot{F}_u|$愈大,放大倍数降低愈多.

2. 负反馈可提高放大倍数的稳定性

$$\frac{\mathrm{d}A_f}{A_f} = \frac{1}{1 + AF} \cdot \frac{\mathrm{d}A}{A}$$

该式表明,引进负反馈后,放大器闭环放大倍数A_f的相对变化量$\dfrac{\mathrm{d}A_f}{A_f}$是开环

放大倍数的相对变化量$\dfrac{\mathrm{d}A}{A}$的$\dfrac{1}{1 + AF}$,即闭环增益的稳定性提高了$(1 + AF)$倍.

3. 负反馈可扩展放大器的通频带

引入负反馈后,放大器闭环时的上、下限截止频率分别为

$$f_{Hf} = |1 + \dot{A}\dot{F}|f_H$$

$$f_{Lf} = \frac{f_L}{|1 + \dot{A}\dot{F}|}$$

可见,引入负反馈后,f_{Hf}向高端扩展了$|1 + \dot{A}\dot{F}|$倍,f_{Lf}向低端扩展了$|1 + \dot{A}\dot{F}|$倍,从而使通频带得以加宽.

4. 负反馈对输入阻抗、输出阻抗的影响

负反馈对放大器输入阻抗和输出阻抗的影响比较复杂.不同的反馈形式,对阻抗的影响不一样.一般而言,串联负反馈可以增加输入阻抗,并联负反馈可以减小输入阻抗;电压负反馈可以减少输出阻抗,电流负反馈可以增加输出阻抗.

本实验引入的是电压串联负反馈,所以对于整个放大器而言,输入阻抗增加了,而输出阻抗却降低了.它们增加和降低的程度与反馈深度$(1+AF)$有关,在反馈环内满足

$$R_{if} = R_i(1 + AF)$$

$$R_{of} \approx \frac{R_o}{1 + AF}$$

5. 负反馈可减小反馈环内的非线性失真

综上所述,在放大器中引入电压串联负反馈后,不仅可以提高放大器放大倍数的稳定性,还可以扩展放大器的通频带,提高输入电阻和降低输出电阻,减小非线性失真.

(三) 基本放大器

本实验还需要测量基本放大器的动态参数,怎样实现无反馈而得到基本放大器呢? 不能简单地断开反馈支路,而是要去掉反馈作用,但又要把反馈网络的影响(负载效应)考虑到基本放大器中去.为此:

(1) 在画基本放大器的输入回路时,因为是电压负反馈,所以可将负反馈放大器的输出端交流短路,即令 $u_o = 0$,此时 R_f 相当于并联在 R_{F1} 上.

(2) 在画基本放大器的输出回路时,由于输入端是串联负反馈,因此需将反馈放大器的输入端(T_1 管的射极)开路,此时$(R_f + R_{F1})$相当于并接在输出端.可近似认为 R_f 并接在输出端.

根据上述规律,就可得到所要求的如图 19 - 3 所示的基本放大器.

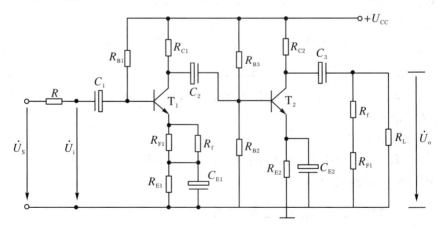

图 19 - 3　基本放大器

四、实验内容

（一）测量静态工作点

按图 19 - 1 连接实验电路,取 $U_{CC} = +12\ V, U_i = 0\ V$,用直流电压表分别测量第一级、第二级的静态工作点,记入表 19 - 1 中.

表 19 - 1　测量静态工作点测量数据

	$U_B(V)$	$U_E(V)$	$U_C(V)$	$I_C(mA)$
第一级				
第二级				

（二）测试基本放大器的各项性能指标

将实验电路按图 19 - 3 改接,即把 R_f 断开后分别并在 R_{F1} 和 R_L 上,其他连线不动.

1. 测量中频电压放大倍数 A_u,输入电阻 R_i 和输出电阻 R_o

(1) 以 $f = 1\ kHz, U_S$ 约为 5 mV 的正弦信号输入放大器,用示波器监视输出波形 u_o,在 u_o 不失真的情况下,用交流毫伏表测量 U_S, U_i, U_L,记入表 19 - 2 中.

表 19 - 2　放大器动态参数

基本放大器	$U_S(mV)$	$U_i(mV)$	$U_L(V)$	$U_o(V)$	A_u	$R_i(k\Omega)$	$R_o(k\Omega)$
负反馈放大器	$U_S(mV)$	$U_i(mV)$	$U_L(V)$	$U_o(V)$	A_{uf}	$R_{if}(k\Omega)$	$R_{of}(k\Omega)$

(2) 保持 U_S 不变,断开负载电阻 R_L(注意: R_f 不要断开),测量空载时的输出电压 U_o,记入表 19 - 2 中.

2. 测量通频带

接上 R_L,保持上述内容中的 U_S 不变,然后增加和减小输入信号的频率,找出上、下限频率 f_H 和 f_L,记入表 19 - 3 中.

（三）测试负反馈放大器的各项性能指标

将实验电路恢复为图 19 - 1 所示的负反馈放大电路.适当加大 U_S(约 10 mV),在输出波形不失真的条件下,测量负反馈放大器的 A_{uf}, R_{if} 和 R_{of},记入表

19-2中;测量 f_{Hf} 和 f_{Lf},记入表 19-3 中.

表 19-3　放大器通频带测量数据

基本放大器	$f_L(kHz)$	$f_H(kHz)$	$\Delta f(kHz)$
负反馈放大器	$f_{Lf}(kHz)$	$f_{Hf}(kHz)$	$\Delta f_f(kHz)$

*（四）观察负反馈对非线性失真的改善

（1）将实验电路改接成基本放大器形式,在输入端加入 $f=1$ kHz 的正弦信号,输出端接示波器,逐渐增大输入信号的幅度,使输出波形开始出现失真,记下此时的波形和输出电压的幅度.

（2）再将实验电路改接成负反馈放大器形式,增大输入信号幅度,使输出电压幅度的大小与（1）相同,比较有负反馈时,输出波形的变化.

五、实验报告要求

（1）整理实验数据,分别求取有、无反馈时的放大倍数,输入、输出电阻及上、下限频率.

（2）将基本放大器和负反馈放大器动态参数的实测值与理论估算值列表进行比较,分析误差原因.

（3）总结电压串联负反馈对放大器性能的影响.

六、实验思考题

（1）为提高测量放大器放大倍数的准确度,对毫伏表或示波器的输入阻抗有什么要求?

（2）如输入信号存在失真,能否用负反馈来改善?

（3）如输出信号存在失真,能否用负反馈来改善?

（4）怎样判断放大器是否存在自激振荡? 如何进行消振?

实验二十 基本运算电路

一、实验目的

(1) 研究由集成运算放大器组成的比例、加法、减法和积分等基本运算电路的功能.

(2) 了解运算放大器在实际应用时应考虑的一些问题.

二、实验设备

序号	名称	数量	备注
1	模拟电路实验装置	1	
2	示波器	1	
3	函数信号发生器	1	
4	交流毫伏表	1	
5	万用表	1	

三、实验原理

集成运算放大器是一种具有高电压放大倍数的直接耦合多级放大电路.当外部接入不同的线性或非线性元器件组成输入和负反馈电路时,可以灵活地实现各种特定的函数关系.在线性应用方面,可组成比例、加法、减法、积分、微分、对数等模拟运算电路.

(一) 理想运算放大器特性

在大多数情况下,将运放视为理想运放,就是将运放的各项技术指标理想化,满足下列条件的运算放大器称为理想运放：

(1) 开环电压增益 $A_{ud} = \infty$；

(2) 输入阻抗 $r_i = \infty$；

(3) 输出阻抗 $r_o = 0$；

(4) 带宽 $f_{BW} = \infty$；

(5) 失调与漂移均为零等.

理想运放在线性应用时的两个重要特性：

(1) 输出电压 U_o 与输入电压之间满足关系式：

$$U_o = A_{ud}(U_+ - U_-)$$

由于 $A_{ud} = \infty$，而 U_o 为有限值，因此，$U_+ - U_- \approx 0$，即 $U_+ \approx U_-$，称为"虚短".

(2) 由于 $r_i = \infty$，故流进运放两个输入端的电流可视为零，即 $I_{IB} = 0$，称为"虚断".这说明运放对其前级吸取电流极小.

上述两个特性是分析理想运放应用电路的基本原则,可简化运放电路的计算.

(二) 基本运算电路

1. 反相比例运算电路

电路如图 20-1 所示.对于理想运放,该电路的输出电压与输入电压之间的关系为

$$U_o = -\frac{R_F}{R_1} U_i$$

为了减小输入级偏置电流引起的运算误差,在同相输入端应接入平衡电阻 $R_2 = R_1 /\!/ R_F$.

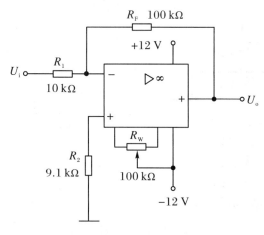

图 20-1 反相比例运算电路

2. 反相加法电路

电路如图 20-2 所示,输出电压与输入电压之间的关系为

$$U_o = -\left(\frac{R_F}{R_1}U_{i1} + \frac{R_F}{R_2}U_{i2}\right)$$

$$R_3 = R_1 /\!/ R_2 /\!/ R_F$$

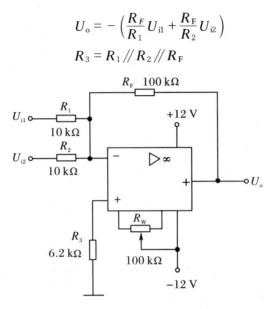

图 20-2 反相加法运算电路

3. 同相比例运算电路

图 20-3(a)是同相比例运算电路,它的输出电压与输入电压之间的关系为

$$U_o = \left(1 + \frac{R_F}{R_1}\right)U_i$$

$$R_2 = R_1 /\!/ R_F$$

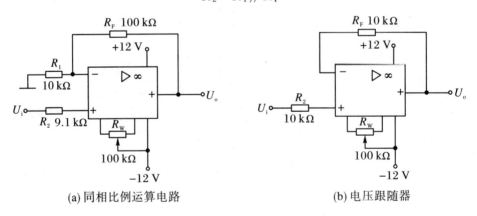

(a) 同相比例运算电路   (b) 电压跟随器

图 20-3 同相比例运算电路

当 $R_1 \to \infty$ 时, $U_o = U_i$,即得到如图 20-3(b)所示的电压跟随器. 图中 $R_2 = R_F$,用以减小漂移和起保护作用. 一般 R_F 取 10 kΩ, R_F 太小起不到保护作用,太大则影响跟随性.

4．差动放大电路(减法器)

对于如图 20-4 所示的减法运算电路,当 $R_1 = R_2$,$R_3 = R_F$ 时,有如下关系式:

$$U_o = \frac{R_F}{R_1}(U_{i2} - U_{i1})$$

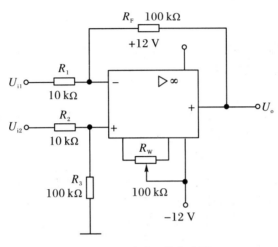

图 20-4　减法运算电路图

5．积分运算电路

反相积分电路如图 20-5 所示.在理想化条件下,输出电压 u_o 等于

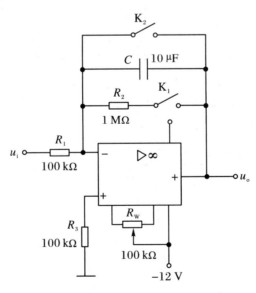

图 20-5　积分运算电路

$$u_o(t) = -\frac{1}{R_1 C}\int_0^t u_i \mathrm{d}t + u_C(0)$$

其中,$u_C(0)$ 是 $t = 0$ 时刻电容 C 两端的电压值,即初始值.

如果 $u_i(t)$ 是幅值为 E 的阶跃电压,并设 $u_C(0) = 0$,则

$$u_o(t) = -\frac{1}{R_1 C}\int_0^t E \mathrm{d}t = -\frac{E}{R_1 C}t$$

即输出电压 $u_o(t)$ 随时间增长而线性下降. 显然 RC 的数值越大,达到给定的 U_o 值所需的时间就越长. 积分输出电压所能达到的最大值受集成运放最大输出范围的限制.

在进行积分运算之前,首先应对运放调零. 为了便于调节,将图中 K_1 闭合,即通过电阻 R_2 的负反馈作用帮助实现调零. 但在完成调零后,应将 K_1 打开,以免因 R_2 的接入造成积分误差. K_2 的设置一方面为积分电容放电提供通路,同时可实现积分电容初始电压 $u_C(0) = 0$;另一方面,可控制积分起始点,即在加入信号 u_i 后,只要 K_2 一打开,电容就将被恒流充电,电路也就开始进行积分运算.

四、实验内容

实验前要看清运放组件各管脚的位置;切忌正、负电源极性接反和输出端短路,否则将会损坏集成块.

(一) 反相比例运算电路

(1) 按图 20 - 1 连接实验电路,接通 ± 12 V 电源,输入端对地短路,进行调零和消振.

(2) 输入 $f = 100$ Hz,$U_i = 0.5$ V 的正弦交流信号,测量相应的 U_o,并用示波器观察 u_o 和 u_i 的相位关系,记入表 20 - 1 中.

表 20 - 1　反向比例运算($U_i = 0.5$ V,$f = 100$ Hz)

U_i(V)	U_o(V)	u_i 波形	u_o 波形	A_u	
		u_i ⟍ t	u_o ⟍ t	实测值	计算值

(二) 同相比例运算电路

(1) 按图 20 - 3(a)连接实验电路. 实验步骤同内容(一),将结果记入表 20 - 2 中.

（2）将图 20-3(a)中的 R_1 断开,得到如图 20-3(b)所示电路,重复内容(1).

表 20-2　同相比例运算($U_i = 0.5$ V,$f = 100$ Hz)

U_i(V)	U_o(V)	u_i 波形	u_o 波形	A_u	
				实测值	计算值

（三）反相加法运算电路

（1）按图 20-2 连接实验电路,并进行调零和消振.

（2）输入信号采用直流信号,如图 20-6 所示电路为简易直流信号源,由实验者自行完成.实验时要注意选择合适的直流信号幅度以确保集成运放工作在线性区.用直流电压表测量输入电压 U_{i1},U_{i2} 及输出电压 U_o,记入表 20-3 中.

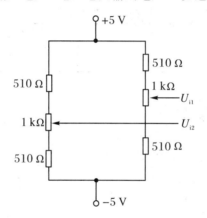

图 20-6　简易可调直流信号源

表 20-3　反向加法运算

U_{i1}(V)					
U_{i2}(V)					
U_o(V)					

（四）减法运算电路

（1）按图 20-4 连接实验电路,并进行调零和消振.

（2）采用直流输入信号,实验步骤同内容(三),将结果记入表 20-4 中.

表 20 - 4 减法运算

$U_{i1}(V)$					
$U_{i2}(V)$					
$U_o(V)$					

（五）积分运算电路

实验电路如图 20 - 5 所示.

(1) 打开 K_2，闭合 K_1，对运放输出进行调零.

(2) 调零完成后，再打开 K_1，闭合 K_2，使 $u_C(0) = 0$.

(3) 预先调好直流输入电压 $U_i = 0.5$ V，接入实验电路，再打开 K_2，然后用直流电压表测量输出电压 U_o，每隔 5 秒读一次 U_o，记入表 20 - 5 中，直到 U_o 不再继续明显增大为止.

表 20 - 5 积分运算

$t(s)$	0	5	10	15	20	25	30	⋯
$U_o(V)$								

五、实验报告要求

(1) 整理实验数据，画出波形图（注意波形间的相位关系）.

(2) 将理论计算结果和实测数据作比较，分析产生误差的原因.

(3) 分析讨论实验中出现的现象和问题.

六、实验思考题

(1) 在反相加法器中，如 U_{i1} 和 U_{i2} 均采用直流信号，并选定 $U_{i2} = -1$ V. 当考虑到运算放大器的最大输出幅度（± 12 V）时，$|U_{i1}|$ 的大小应不超过多少伏？

(2) 在积分电路中，如 $R_1 = 100$ kΩ，$C = 4.7$ μF，求时间常数. 假设 $U_i = 0.5$ V，问要使输出电压 U_o 达到 5 V，需多长时间？（设 $u_C(0) = 0$.）

三、电子技术部分（数字电路）

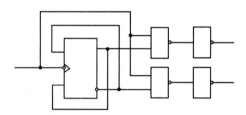

实验二十一　基本门电路的逻辑功能和参数测试

一、实验目的

(1) 掌握 TTL 集成与非门的逻辑功能和主要参数的测试方法.

(2) 掌握 TTL 器件的使用规则.

(3) 进一步熟悉数字电路实验装置的结构、基本功能和使用方法.

二、实验设备

序号	名称	数量	备注
1	数字电路实验装置	1	
2	示波器	1	
3	万用表	2	

三、实验原理

本实验采用四输入双与非门 74LS20,即在一块集成块内含有两个互相独立的与非门,每个与非门有四个输入端.其逻辑框图、符号及引脚排列如图 21-1(a)、(b)、(c)所示.

(一) 与非门的逻辑功能

与非门的逻辑功能是:当输入端中有一个或一个以上是低电平时,输出端为高电平;只有当输入端全部为高电平时,输出端才是低电平(即有"0"得"1",全"1"得"0").其逻辑表达式为

$$Y = \overline{AB\cdots}$$

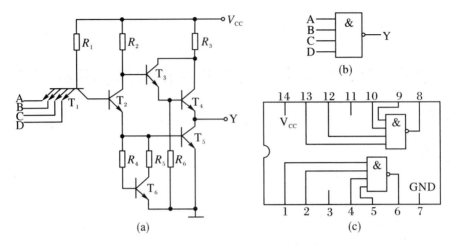

图 21 - 1　74LS20 逻辑框图、逻辑符号及引脚排列

（二）TTL 与非门的主要参数

1. 低电平输出电源电流 I_{CCL} 和高电平输出电源电流 I_{CCH}

与非门处于不同的工作状态,电源提供的电流是不同的. I_{CCL} 是指所有输入端悬空,输出端空载时,电源提供给器件的电流. I_{CCH} 是指输出端空载,每个门各有一个以上的输入端接地,其余输入端悬空,电源提供给器件的电流. 通常 $I_{CCL} > I_{CCH}$,它们的大小标志着器件静态功耗的大小. 器件的最大功耗为 $P_{CCL} = V_{CC} I_{CCL}$. 手册中提供的电源电流和功耗值是指整个器件总的电源电流和总的功耗. I_{CCL} 和 I_{CCH} 测试电路如图 21 - 2(a)、(b)所示.

注意:TTL 电路对电源电压要求较严,电源电压 V_{CC} 只允许在 +5 V ±10% 的范围内工作,超过 5.5 V 将损坏器件,低于 4.5 V 器件的逻辑功能将出现异常.

2. 低电平输入电流 I_{iL} 和高电平输入电流 I_{iH}

I_{iL} 是指被测输入端接地,其余输入端悬空,输出端空载时,由被测输入端流出的电流值. 在多级门电路中,I_{iL} 相当于前级门输出低电平时,后级向前级门灌入的电流,其大小关系到前级门的灌电流负载能力,即直接影响前级门电路带负载的个数,因此希望 I_{iL} 小些.

I_{iH} 是指被测输入端接高电平,其余输入端接地,输出端空载时,流入被测输入端的电流值. 在多级门电路中,它相当于前级门输出高电平时,前级门的拉电流负载,其大小关系到前级门的拉电流负载能力,因此希望 I_{iH} 小些. 由于 I_{iH} 较小,难以测量,一般免于测试.

I_{iL} 与 I_{iH} 的测试电路如图 21 - 2(c)、(d)所示.

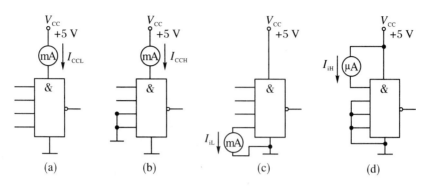

图 21 - 2　TTL 与非门静态参数测试电路图

3．扇出系数 N_o

扇出系数 N_o 是指门电路能驱动同类门的个数，它是衡量门电路负载能力的一个参数，TTL 与非门有两种不同性质的负载，即灌电流负载和拉电流负载，因此有两种扇出系数，即低电平扇出系数 N_{oL} 和高电平扇出系数 N_{oH}．通常 $I_{iH} < I_{iL}$，则 $N_{oH} > N_{oL}$，故常以 N_{oL} 作为门的扇出系数．

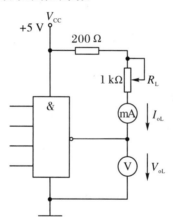

图 21 - 3　扇出系数试测电路

N_{oL} 的测试电路如图 21 - 3 所示．门的输入端全部悬空，输出端接灌电流负载 R_L，调节 R_L 使 I_{oL} 增大，V_{oL} 随之增高．当 V_{oL} 达到 V_{oLm}（手册中规定低电平规范值 0.4 V）时的 I_{oL} 就是允许灌入的最大负载电流，则通常 $N_{oL} \geqslant 8$．

4．电压传输特性

门的输出电压 v_o 随输入电压 v_i 而变化的曲线 $v_o = f(v_i)$ 称为门的电压传输特性，通过它可读得门电路的一些重要参数，如输出高电平 V_{oH}、输出低电平 V_{oL}、关门电平 V_{off}、开门电平 V_{oN}、阈值电平 V_T 及抗干扰容限 V_{NL}，V_{NH} 等值．测试电路如图 21 - 4 所示，采用逐点测试法，即调节 R_w，逐点测得 V_i 及 V_o，然后绘成曲线．

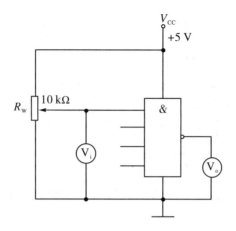

图 21-4 传输特性测试电路

5. 平均传输延迟时间 t_{pd}

t_{pd} 是衡量门电路开关速度的参数,它是指输出波形边沿的 $0.5V_m$ 至输入波形对应边沿 $0.5V_m$ 点的时间间隔,如图 21-5 所示.

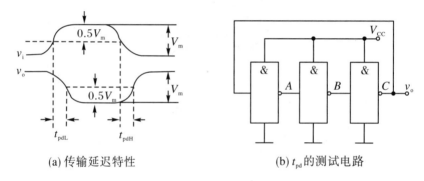

(a) 传输延迟特性　　　　　　　(b) t_{pd} 的测试电路

图 21-5

图 21-5(a)中的 t_{pdL} 为导通延迟时间,t_{pdH} 为截止延迟时间,平均传输延迟时间为

$$t_{pd} = \frac{1}{2}(t_{pdL} + t_{pdH})$$

t_{pd} 的测试电路如图 21-5(b)所示.由于 TTL 门电路的延迟时间较小,直接测量时对信号发生器和示波器的性能要求较高,故实验采用测量由奇数个与非门组成的环形振荡器的振荡周期 T 来求得.其工作原理是:假设电路在接通电源后的某一瞬间,电路中的 A 点为逻辑"1",经过三级门的延迟后,使 A 点由原来的逻辑"1"变为逻辑"0";再经过三级门的延迟后,A 点电平又重新回到逻辑"1".电路中其他各点电平也跟随变化.说明使 A 点发生一个周期的振荡,必须经过六级门的延

迟时间. 因此平均传输延迟时间为

$$t_{pd} = \frac{T}{6}$$

TTL 电路的 t_{pd} 一般在 $10 \sim 40$ ns 之间.

74LS20 主要电参数规范如表 21-1 所示.

表 21-1　74LS20 主要电参数

参数名称和符号		规范值	单位	测试条件
	通导电源电流　I_{CCL}	<14	mA	$V_{CC}=5$ V,输入端悬空,输出端空载
	截止电源电流　I_{CCH}	<7	mA	$V_{CC}=5$ V,输入端接地,输出端空载
	低电平输入电流　I_{iL}	≤1.4	mA	$V_{CC}=5$ V,被测输入端接地,其他输入端悬空,输出端空载
直流参数	高电平输入电流　I_{iH}	<50	μA	$V_{CC}=5$ V,被测输入端 $V_{in}=2.4$ V,其他输入端接地,输出端空载
		<1	mA	$V_{CC}=5$ V,被测输入端 $V_{in}=5$ V,其他输入端接地,输出端空载
	输出高电平　V_{oH}	≥3.4	V	$V_{CC}=5$ V,被测输入端 $V_{in}=0.8$ V,其他输入端悬空,$I_{oH}=400$ μA
	输出低电平　V_{oL}	<0.3	V	$V_{CC}=5$ V,输入端 $V_{in}=2.0$ V,$I_{oL}=12.8$ mA
	扇出系数　N_o	4~8	V	同 V_{oH} 和 V_{oL}
交流参数	平均传输延迟时间　t_{pd}	≤20	ns	$V_{CC}=5$ V,被测输入端输入信号:$V_{in}=3.0$ V,$f=2$ MHz

四、实验内容

在合适的位置选取一个 14P 插座,按定位标记插好 74LS20 集成块.

(一) 验证 TTL 集成与非门 74LS20 的逻辑功能

按图 21-6 接线,门的 4 个输入端接逻辑开关输出插口,以提供"0"与"1"电平信号,开关向上则输出逻辑"1",向下为逻辑"0".门的输出端接由 LED 发光二极管组成的逻辑电平显示器(又称 0-1 指示器)的显示插口,LED 亮为逻辑"1",不亮为逻辑"0". 按表 21-2 的真值表逐个测试集成块中 2 个与非门的逻辑功能. 74LS20 有 4 个输入端、16 个最小项,在实际测试时,只要通过对输入 1111、0111、1011、1101、1110 五项进行检测就可判断其逻辑功能是否正常.

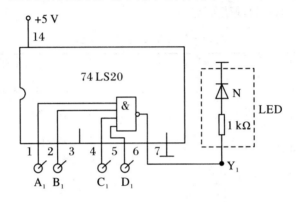

图 21-6   与非门逻辑功能测试电路

表 21-2   74LS20 逻辑功能验证表

输入				输出	
A_n	B_n	C_n	D_n	Y_1	Y_2
1	1	1	1		
0	1	1	1		
1	0	1	1		
1	1	0	1		
1	1	1	0		

(二) 74LS20 主要参数的测试

(1) 分别按图 21-2、图 21-3、图 21-5(b)接线并进行测试,将测试结果记入表 21-3 中.

表 21-3   74LS20 主要参数的测试表

I_{CCL}(mA)	I_{CCH}(mA)	I_{iL}(mA)	I_{oL}(mA)	$N_o = \dfrac{I_{oL}}{I_{iL}}$	$t_{pd} = T/6$ (ns)

(2) 接图 21 - 4 接线，调节电位器 R_w，使 v_i 从 0 V 向高电平变化，逐点测量 v_i 和 v_o 的对应值，记入表 21 - 4 中.

表 21 - 4　74LS20 传输特性测试数据

V_i(V)	0	0.2	0.4	0.6	0.8	1.0	1.5	2.0	2.5	3.0	3.5	4.0	…
V_o(V)													

五、实验报告要求

(1) 记录、整理实验结果，并对结果进行分析.
(2) 画出实测的电压传输特性曲线，并从中读出各有关参数值.

六、实验思考题

(1) 测量扇出系数 N_o 的原理是什么？为什么计算中只考虑输出低电平时的负载电流值，而不考虑输出高电平时的负载电流值？
(2) 若用一只异或门实现非逻辑，电路应如何接？

实验二十二 用 SSI 设计组合电路

一、实验目的

掌握组合逻辑电路的设计与测试方法.

二、实验设备

序号	名称	数量	备注
1	数字电路实验装置	1	
2	示波器	1	
3	万用表	1	

三、实验原理

（一）组合电路设计一般步骤

使用小规模集成电路(SSI)进行组合电路设计的一般步骤如图 22-1 所示.
(1) 根据任务要求列出真值表；
(2) 通过化简得出最简逻辑函数表达式；
(3) 选择标准器件实现此逻辑函数.

逻辑化简是组合逻辑设计的关键步骤之一,为了使电路结构简单和使用器件较少,往往要求逻辑表达式尽可能简化.由于实际使用时要考虑电路的工作速度和稳定可靠等因素,在较复杂的电路中,还要求逻辑清晰易懂,所以最简设计不一定是最佳的.但一般来说,在保证速度稳定可靠与逻辑清楚的前提下,尽量使用最少的器件,以降低成本,这是逻辑设计者的任务.

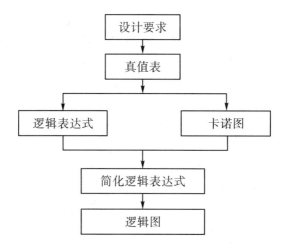

图 22 - 1　组合逻辑电路设计流程图

（二）组合逻辑电路设计举例

用"与非"门设计一个表决电路.当四个输入端中有三个或四个为"1"时,输出端才为"1".

1. 设计步骤

根据题意列出真值表如表 22 - 1 所示,再填入卡诺图表 22 - 2 中.

表 22 - 1　表决器真值表

D	0	0	0	0	0	0	0	0	1	1	1	1	1	1	1	1
A	0	0	0	0	1	1	1	1	0	0	0	0	1	1	1	1
B	0	0	1	1	0	0	1	1	0	0	1	1	0	0	1	1
C	0	1	0	1	0	1	0	1	0	1	0	1	0	1	0	1
Z	0	0	0	0	0	0	0	1	0	0	0	1	0	1	1	1

表 22 - 2　表决器卡诺图表

BC＼DA	00	01	11	10
00				
01			1	
11		1	1	1
10			1	

由卡诺图得出逻辑表达式,并演化成"与非"的形式:

$$Z = ABC + BCD + ACD + ABD$$

$$= \overline{\overline{ABC} \cdot \overline{BCD} \cdot \overline{ACD} \cdot \overline{ABC}}$$

根据逻辑表达式画出用"与非门"构成的逻辑电路如图 22 - 2 所示.

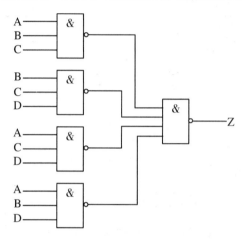

图 22 - 2　表决电路逻辑图

2. 用实验验证逻辑功能

在实验装置适当位置选定三个 14P 插座,按照集成块定位标记插好集成块 CC4012.

按图 22 - 2 接线,输入端 A,B,C,D 接逻辑开关输出插口,输出端 Z 接逻辑电平显示输入插口,按真值表(自拟)要求,逐次改变输入变量,测量相应的输出值,验证逻辑功能,与表 22 - 1 进行比较,验证所设计的逻辑电路是否符合要求.

四、实验内容

(1) 设计一个四人无弃权表决电路(多数赞成则提议通过),要求用二输入四与非门来实现(如果资源不够可以使用 74LS04 或 74LS20 的资源).

(2) 设计一个保险箱的数字代码锁,该锁有规定的 4 位代码 A_1,A_2,A_3,A_4 的输入端和一个开箱钥匙孔信号 E 的输入端,锁的代码由实验者自编(例如 1011). 当用钥匙开箱时(E = 1),如果输入代码符合该锁规定代码,保险箱被打开 ($Z_1 = 1$).如果不符合,电路将发出报警信号($Z_2 = 1$).要求使用最少数量的与非门实现电路.检测并记录实验结果.

(提示:实验时锁被打开或报警可以分别使用两个发光二极管指示电路显示示

意.除不同代码需要使用的反相器外,最简设计仅需使用五个与非门.)

(3) 设计三变量多输出逻辑电路.有 A,B,C 三台设备,由 F 和 G 两台发电机供电,每台设备用电均为 10 kW,F 发电机机组可提供 10 kW,G 发电机机组可提供 20 kW,三台设备工作情况是:三台可同时工作,或任意两台同时工作,但至少有任意一台在工作,试设计发电机组的供电控制电路,使其能根据三台设备不同的工作情况分别控制两台发电机组的开机与停机,达到既能保证设备的正常工作,又能节省电能的目的.

要求:用任选门电路实现该控制电路.

(4) 使用与非门设计一个十字交叉路口的红绿灯控制电路,检测所设计电路的功能,记录测试结果,图 22-3 是交叉路口的示意图,图中 A,B 方向是主通道,C,D 方向是次通道,在 A,B,C,D 四道口附近各装有车辆传感器,当有车辆出现时,相应的传感器将输出信号"1".红绿灯点亮的规则如下:

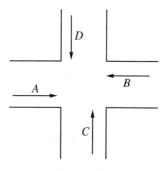

① A-B 方向绿灯亮的条件:

a. A,B,C,D 均无传感信号;

b. A,B 均有传感信号;

c. A 或 B 有传感信号,而 C 和 D 不是全有传感信号.

图 22-3　交叉路口的示意图

② C-D 方向绿灯亮的条件:

a. C,D 均有传感信号,而 A 和 B 不是全有传感信号;

b. C 或 D 有传感信号,而 A 和 B 均无传感信号.

五、实验报告要求

(1) 写出任务的设计过程(包括叙述有关设计技巧),画出设计电路图.

(2) 记录检测结果,并进行分析.

六、实验思考题

有同学用完好的 7412(OC 门)代替 74LS10 组装实验电路,发现无输出,试分析原因.7412 外引线排列与 74LS10 相同.

实验二十三　触发器 RS,D,JK

一、实验目的

(1) 掌握基本 RS,JK,D 和 T 触发器的逻辑功能.
(2) 掌握集成触发器的逻辑功能及使用方法.
(3) 熟悉触发器之间相互转换的方法.

二、实验设备

序号	名称	数量	备注
1	数字电路实验装置	1	
2	示波器	1	
3	万用表	1	

三、实验原理

触发器具有两个稳定状态,用以表示逻辑状态"1"和"0",在一定的外界信号作用下,可以从一个稳定状态翻转到另一个稳定状态,它是一个具有记忆功能的二进制信息存贮器件,是构成各种时序电路的最基本逻辑单元.

(一) 基本 RS 触发器

图 23-1 为由两个与非门交叉耦合构成的基本 RS 触发器,它是无时钟控制低电平直接触发的触发器. 基本 RS 触发器具有置"0"、置"1"和"保持"三种功能. 通常称 $\overline{S}$ 为置"1"端,因为 $\overline{S}=0(\overline{R}=1)$ 时触发器被置"1";$\overline{R}$ 为置"0"端,因为 $\overline{R}=0$ ($\overline{S}=1$)时触发器被置"0". 当 $\overline{S}=\overline{R}=1$ 时,状态保持;当 $\overline{S}=\overline{R}=0$ 时,触发器状态不定,应避免此种情况发生. 表 23-1 为基本 RS 触发器的功能表.

基本 RS 触发器也可以用两个"或非门"组成,此时为高电平触发有效.

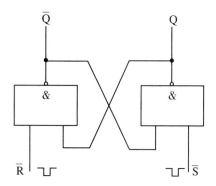

图 23 - 1　基本 RS 触发器

表 23 - 1

输入		输出	
$\overline{S}$	$\overline{R}$	Q^{n+1}	$\overline{Q}^{n+1}$
0	1	1	0
1	0	0	1
1	1	Q^n	$\overline{Q}^n$
0	0	$\varnothing$	$\varnothing$

(二) JK 触发器

在输入信号为双端的情况下,JK 触发器是功能完善、使用灵活和通用性较强的一种触发器.本实验采用 74LS112 双 JK 触发器,是下降边沿触发的边沿触发器.引脚功能及逻辑符号如图 23 - 2 所示.

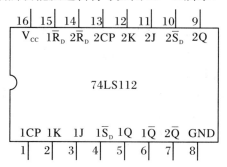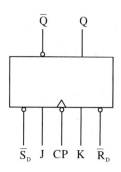

图 23 - 2　74LS112 双 JK 触发器的引脚排列及逻辑符号

JK 触发器的状态方程为

$$Q^{n+1} = J\overline{Q}^n + \overline{K}Q^n$$

其中,J 和 K 是数据输入端,是触发器状态更新的依据,当 J,K 有两个或两个以上输入端时,组成"与"的关系.Q 与 $\overline{Q}$ 为两个互补输出端,通常把 $Q=0,\overline{Q}=1$ 的状态定为触发器"0"状态,而把 $Q=1,\overline{Q}=0$ 的状态定为"1"状态.

下降沿触发 JK 触发器的功能如表 23 - 2 所示.

表 23 - 2

输入					输出	
$\overline{S}_D$	$\overline{R}_D$	CP	J	K	Q^{n+1}	$\overline{Q}^{n+1}$
0	1	×	×	×	1	0
1	0	×	×	×	0	1
0	0	×	×	×	$\varnothing$	$\varnothing$
1	1	↓	0	0	Q^n	$\overline{Q}^n$
1	1	↓	1	0	1	0
1	1	↓	0	1	0	1
1	1	↓	1	1	$\overline{Q}^n$	Q^n
1	1	↑	×	×	Q^n	$\overline{Q}^n$

注:×—任意态;↓—高电平到低电平跳变;↑—低电平到高电平跳变;$Q^n(\overline{Q}^n)$—现态;$Q^{n+1}(\overline{Q}^{n+1})$—次态;$\varnothing$—不定态.

JK 触发器常被用作缓冲存储器、移位寄存器和计数器.

(三) D 触发器

在输入信号为单端的情况下,D 触发器用起来最为方便,其状态方程为 $Q^{n+1} = D^n$,其输出状态的更新发生在 CP 脉冲的上升沿,故又称为上升沿触发的边沿触发器,触发器的状态只取决于时钟到来前 D 端的状态.D 触发器的应用很广,可用作数字信号的寄存、移位寄存、分频和波形发生等.有很多种型号可供各种用途的需要而选用,如双 D 74LS74、四 D 74LS175、六 D 74LS174 等.

图 23 - 3 为双 D 74LS74 的引脚排列及逻辑符号.其功能如表 23 - 3 所示.

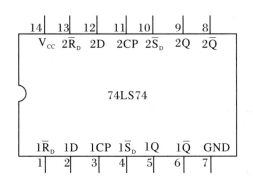
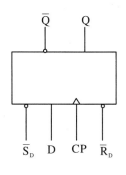

图 23 - 3　74LS74 引脚排列及逻辑符号

表 23 - 3

输入				输出	
$\overline{S}_D$	$\overline{R}_D$	CP	D	Q^{n+1}	$\overline{Q}^{n+1}$
0	1	×	×	1	0
1	0	×	×	0	1
0	0	×	×	$\varnothing$	$\varnothing$
1	1	↑	1	1	0
1	1	↑	0	0	1
1	1	↓	×	Q^n	$\overline{Q}^n$

（四）触发器之间的相互转换

在集成触发器的产品中,每一种触发器都有自己固定的逻辑功能,但可以利用转换的方法获得具有其他功能的触发器.例如将 JK 触发器的 J,K 两端连在一起,并令它为 T 端,就得到所需的 T 触发器,如图 23 - 4(a)所示,其状态方程为

$$Q^{n+1} = T\,\overline{Q}^n + \overline{T}Q^n$$

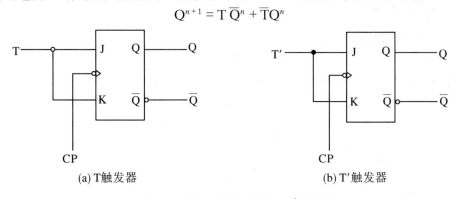

(a) T 触发器　　　　　　　　　　(b) T′ 触发器

图 23 - 4　JK 触发器转换为 T,T′ 触发器

T 触发器的功能如表 23 - 4 所示.

表 23 - 4

输入				输出
$\overline{S}_D$	$\overline{R}_D$	CP	T	Q^{n+1}
0	1	×	×	1
1	0	×	×	0
1	1	↓	0	Q^n
1	1	↓	1	$\overline{Q}^n$

由功能表可见,当 T = 0 时,时钟脉冲作用后,其状态保持不变;当 T = 1 时,时钟脉冲作用后,触发器状态翻转.所以,若将 T 触发器的 T 端置"1",如图 23 - 4(b)所示,即得 T′ 触发器.在 T′ 触发器的 CP 端每来一个 CP 脉冲信号,触发器的状态就翻转一次,故称之为反转触发器,广泛用于计数电路中.

同样,若将 D 触发器 $\overline{Q}$ 端与 D 端相连,便转换成 T′ 触发器,如图 23 - 5 所示.

JK 触发器也可转换为 D 触发器,如图 23 - 6 所示.

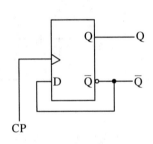

图 23 - 5　D 转换成 T′

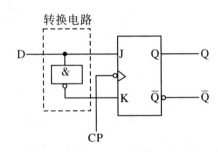

图 23 - 6　JK 转换成 D

（五）CMOS 触发器

1. CMOS 边沿型 D 触发器

CC4013 是由 CMOS 传输门构成的边沿型 D 触发器.它是上升沿触发的双 D 触发器,表 23 - 5 为其功能表,图 23 - 7 为其引脚排列.

表 23 - 5

输入				输出
S	R	CP	D	Q^{n+1}
1	0	×	×	1
0	1	×	×	0

续表

输入				输出
1	1	×	×	$\varnothing$
0	0	↓	×	Q^n
0	0	↑	0	0
0	0	↓	×	Q^n

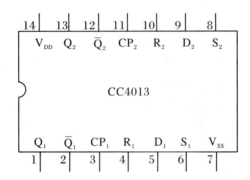

图 23-7　双上升沿 D 触发器

2. CMOS 边沿型 JK 触发器

CC4027 是由 CMOS 传输门构成的边沿型 JK 触发器,它是上升沿触发的双 JK 触发器,表 23-6 为其功能表,图 23-8 为其引脚排列.

表 23-6

输入					输出
S	R	CP	J	K	Q^{n+1}
1	0	×	×	×	1
0	1	×	×	×	0
1	1	×	×	×	$\varnothing$
0	0	↑	0	0	Q^n
0	0	↑	1	0	1
0	0	↑	0	1	0
0	0	↑	1	1	$\overline{Q}^n$
0	0	↓	×	×	Q^n

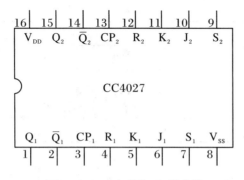

图 23 - 8　双上升沿 JK 触发器

CMOS 触发器的直接置位、复位输入端 S 和 R 是高电平有效,当 S=1(或 R=1)时,触发器将不受其他输入端所处状态的影响,使触发器直接置 1(或置 0).但直接置位、复位输入端 S 和 R 必须遵守 RS=0 的约束条件.CMOS 触发器在按逻辑功能工作时,S 和 R 必须均置 0.

四、实验内容

(一) 测试基本 RS 触发器的逻辑功能

按图 23 - 1,用两个与非门组成基本 RS 触发器,输入端 $\overline{R}$,$\overline{S}$ 接逻辑开关的输出插口,输出端 Q,$\overline{Q}$ 接逻辑电平显示输入插口,按表 23 - 7 要求测试,并记录之.

表 23 - 7

$\overline{R}$	$\overline{S}$	Q	$\overline{Q}$
1	1→0		
	0→1		
1→0	1		
0→1			
0	0		

(二) 测试双 JK 触发器 74LS112 的逻辑功能

1. 测试 $\overline{R}_D$,$\overline{S}_D$ 的复位、置位功能

任取一只 JK 触发器,$\overline{R}_D$,$\overline{S}_D$,J,K 端接逻辑开关输出插口,CP 端接单次脉冲

源,Q,$\overline{Q}$ 端接至逻辑电平显示输入插口.要求改变 $\overline{R}_D$,$\overline{S}_D$(J,K,CP 处于任意状态),并在 $\overline{R}_D = 0(\overline{S}_D = 1)$ 或 $\overline{S}_D = 0(\overline{R}_D = 1)$ 作用期间任意改变 J,K 及 CP 的状态,观察 Q,$\overline{Q}$ 的状态.自拟表格并记录之.

2.测试 JK 触发器的逻辑功能

按表 23-8 的要求改变 J,K,CP 端状态,观察 Q,$\overline{Q}$ 状态变化,观察触发器状态更新是否发生在 CP 脉冲的下降沿(即 CP 由 1→0),并记录之.

表 23-8

J	K	CP	Q^{n+1}	
			$Q^n = 0$	$Q^n = 1$
0	0	0→1		
		1→0		
0	1	0→1		
		1→0		
1	0	0→1		
		1→0		
1	1	0→1		
		1→0		

3.将 JK 触发器的 J,K 端连在一起,构成 T 触发器

在 CP 端输入 1 Hz 连续脉冲,观察 Q 端的变化.

在 CP 端输入 1 kHz 连续脉冲,用双踪示波器观察 CP,Q,$\overline{Q}$ 端波形,注意相位关系,并描绘之.

(三) 测试双 D 触发器 74LS74 的逻辑功能

1.测试 $\overline{R}_D$,$\overline{S}_D$ 的复位、置位功能

测试方法同实验内容(二)的第一部分,自拟表格记录.

2.测试 D 触发器的逻辑功能

按表 23-9 要求进行测试,并观察触发器状态更新是否发生在 CP 脉冲的上升沿(即由 0→1),并记录之.

3.将 D 触发器的 $\overline{Q}$ 端与 D 端相连接,构成 T′触发器

测试方法同实验内容(二)的第三部分,并记录之.

表 23 - 9

D	CP	Q^{n+1}	
		$Q^n = 0$	$Q^n = 1$
0	0→1		
	1→0		
1	0→1		
	1→0		

（四）双相时钟脉冲电路

用 JK 触发器及与非门构成的双相时钟脉冲电路如图 23 - 9 所示.此电路是用来将时钟脉冲 CP 转换成两相时钟脉冲 CP_A 及 CP_B 的,其频率相同、相位不同.

分析电路工作原理,并按图 23 - 9 接线,用双踪示波器同时观察 CP,CP_A;CP,CP_B 及 CP_A,CP_B 波形,并描绘之.

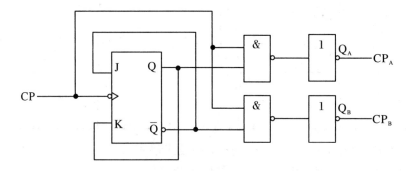

图 23 - 9　双相时钟脉冲电路

（五）乒乓球练习电路

电路功能要求:模拟两名运动员在练球时,乒乓球能往返运转.

提示:采用双 D 触发器 74LS74 设计实验线路,两个 CP 端触发脉冲分别由两名运动员操作,两触发器的输出状态用逻辑电平显示器显示.

五、实验报告要求

（1）列表整理各类触发器的逻辑功能.

（2）总结观察到的波形,说明触发器的触发方式.

（3）体会触发器的应用.

（4）利用普通的机械开关组成的数据开关所产生的信号是否可作为触发器的时钟脉冲信号？为什么？是否可以用作触发器的其他输入端的信号？又是为什么？

六、实验思考题

为什么 TTL 集成触发器的直接置位、复位端不允许出现 $\overline{R}_D + \overline{S}_D = 0$ 的情况？

实验二十四 集成计数器及其应用

一、实验目的

(1) 学习用集成触发器构成计数器的方法.

(2) 掌握中规模集成计数器的使用及功能测试方法.

(3) 运用集成计数计构成 $1/N$ 分频器.

二、实验设备

序号	名称	数量	备注
1	数字电路实验装置	1	
2	示波器	1	
3	万用表	1	

三、实验原理

计数器是一个用以实现计数功能的时序部件,它不仅可用来计脉冲数,还常用作数字系统的定时、分频和执行数字运算以及其他特定的逻辑功能.

计数器种类有很多.按构成计数器中的各触发器是否使用一个时钟脉冲源来分,有同步计数器和异步计数器.根据计数制的不同,分为二进制计数器、十进制计数器和任意进制计数器.根据计数的增减趋势,又分为加法、减法和可逆计数器.还有可预置数和可编程序功能计数器等等.目前,无论是 TTL 还是 CMOS 集成电路,都有品种较齐全的中规模集成计数器.使用者只要借助于器件手册提供的功能表和工作波形图以及引出端的排列,就能正确地运用这些器件.

（一）用 D 触发器构成异步二进制加/减计数器

图 24-1 是用四只 D 触发器构成的四位二进制异步加法计数器,它的连接特点是将每只 D 触发器接成 T′触发器,再将低位触发器的 $\overline{Q}$ 端与高一位的 CP 端相连接.

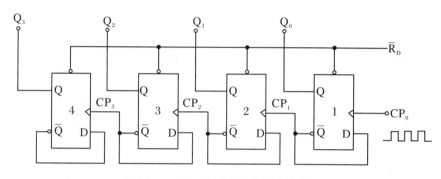

图 24-1　四位二进制异步加法计数器

若将图 24-1 稍加改动,即将低位触发器的 Q 端与高一位的 CP 端相连接,即构成了一个四位二进制减法计数器.

（二）中规模十进制计数器

CC40192 是同步十进制可逆计数器,具有双时钟输入以及清除和置数等功能,其引脚排列及逻辑符号如图 24-2 所示.

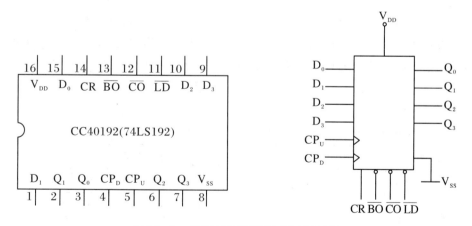

图 24-2　CC40192 引脚排列及逻辑符号

图中各参数的意义是:

$\overline{\mathrm{LD}}$——置数端;

CP$_U$——加计数端；

CP$_D$——减计数端；

$\overline{CO}$——非同步进位输出端；

$\overline{BO}$——非同步借位输出端；

D$_0$，D$_1$，D$_2$，D$_3$——计数器输入端；

Q$_0$，Q$_1$，Q$_2$，Q$_3$——数据输出端；

CR——清除端.

CC40192(同 74LS192,二者可互换使用)的功能如表 24-1 所示,说明如下：

表 24-1

输入								输出			
CR	$\overline{LD}$	CP$_U$	CP$_D$	D$_3$	D$_2$	D$_1$	D$_0$	Q$_3$	Q$_2$	Q$_1$	Q$_0$
1	×	×	×	×	×	×	×	0	0	0	0
0	0	×	×	d	c	b	a	d	c	b	a
0	1	↑	1	×	×	×	×	加	计	数	
0	1	1	↑	×	×	×	×	减	计	数	

当清除端 CR 为高电平"1"时,计数器直接清零；CR 置低电平则执行其他功能.

当 CR 为低电平,置数端$\overline{LD}$也为低电平时,数据直接从置数端 D$_0$，D$_1$，D$_2$，D$_3$置入计数器.

当 CR 为低电平,$\overline{LD}$为高电平时,执行计数功能.执行加计数时,减计数端 CP$_D$ 接高电平,计数脉冲由 CP$_U$ 输入；在计数脉冲上升沿进行 8421 码十进制加法计数.执行减计数时,加计数端 CP$_U$ 接高电平,计数脉冲由减计数端 CP$_D$ 输入,表 24-2 为 8421 码十进制加、减计数器的状态转换表.

表 24-2

加法计数 ⟶

输入脉冲数		0	1	2	3	4	5	6	7	8	9
输出	Q$_3$	0	0	0	0	0	0	0	0	1	1
	Q$_2$	0	0	0	0	1	1	1	1	0	0
	Q$_1$	0	0	1	1	0	0	1	1	0	0
	Q$_0$	0	1	0	1	0	1	0	1	0	1

⟵ 减法计数

（三）计数器的级联使用

一个十进制计数器只能表示 $0\sim9$ 十个数，为了扩大计数器范围，常用多个十进制计数器级联使用.

同步计数器往往设有进位（或借位）输出端，故可选用其进位（或借位）输出信号驱动下一级计数器.

图 24-3 是由 CC40192 利用进位输出 $\overline{\mathrm{CO}}$ 控制高一位的 $\mathrm{CP_U}$ 端构成的加数级联图.

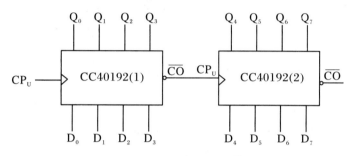

图 24-3　CC40192 级联电路

（四）实现任意进制计数

1. 用复位法获得任意进制计数器

假定已有 N 进制计数器，而需要得到一个 M 进制计数器时，只要 $M<N$，用复位法使计数器计数到 M 时置"0"，即获得 M 进制计数器. 如图 24-4 所示，为一个由 CC40192 十进制计数器接成的六进制计数器.

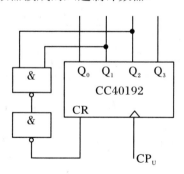

图 24-4　六进制计数器

2. 利用预置功能获得 M 进制计数器

图 24-5 为用三个 CC40192 组成的 421 进制计数器.

外加的由与非门构成的锁存器可以克服器件计数速度的离散性,保证在反馈置"0"信号作用下计数器可靠置"0".

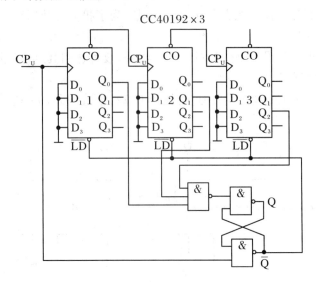

图 24 - 5   421 进制计数器

图 24 - 6 是一个特殊 12 进制的计数器电路方案.在数字钟里,对时位的计数序列是 1,2,…,11;12,1,…是 12 进制的,且无 0 数.如图所示,当计数到 13 时,通过与非门产生一个复位信号,使 CC40192(2)(时十位)直接置为 0000,而 CC40192(1)(时个位)直接置为 0001,从而实现了 1～12 计数.

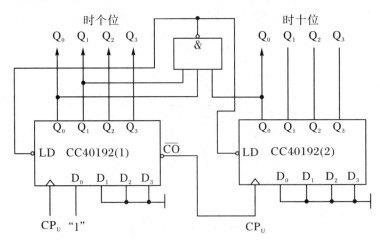

图 24 - 6   特殊十二进制计数器

四、实验内容

（1）用 CC4013 或 74LS74D 触发器构成四位二进制异步加法计数器.

① 按图 24-1 接线，$\overline{R}_D$ 接至逻辑开关输出插口，将低位 CP_0 端接单次脉冲源，输出端 Q_3，Q_2，Q_3，Q_0 接逻辑电平显示输入插口，各 $\overline{S}_D$ 接高电平"1".

② 清零后，逐个送入单次脉冲，观察并列表记录 $Q_3 \sim Q_0$ 的状态.

③ 将单次脉冲改为 1 Hz 的连续脉冲，观察 $Q_3 \sim Q_0$ 的状态.

④ 将 1 Hz 的连续脉冲改为 1 kHz，用双踪示波器观察 CP，Q_3，Q_2，Q_1，Q_0 端波形，并描绘之.

⑤ 将图 24-1 电路中的低位触发器的 Q 端与高一位的 CP 端相连接，构成减法计数器，按实验内容②、③、④进行实验，观察并列表记录 $Q_3 \sim Q_0$ 的状态.

（2）测试 CC40192 或 74LS192 同步十进制可逆计数器的逻辑功能.

计数脉冲由单次脉冲源提供，清除端 CR，置数端 $\overline{LD}$，数据输入端 D_3，D_2，D_1，D_0 分别接逻辑开关，输出端 Q_3，Q_2，Q_1，Q_0 接实验设备的一个译码显示输入相应插口 A，B，C，D；$\overline{CO}$ 和 $\overline{BO}$ 接逻辑电平显示插口. 按表 24-1 逐项测试并判断该集成块的功能是否正常.

① 清除.

令 $CR = 1$，其他输入为任意态，这时 $Q_3 Q_2 Q_1 Q_0 = 0000$，译码数字显示为"0". 清除功能完成后，置 $CR = 0$.

② 置数.

$CR = 0$，CP_U，CP_D 任意，数据输入端输入任意一组二进制数，令 $\overline{LD} = 0$，观察计数译码显示输出预置功能是否完成，此后置 $\overline{LD} = 1$.

③ 加计数.

$CR = 0$，$\overline{LD} = CP_D = 1$，CP_U 接单次脉冲源. 清零后送入 10 个单次脉冲，观察译码数字显示是否按 8421 码十进制状态转换表进行；输出状态变化是否发生在 CP_U 的上升沿.

④ 减计数.

$CR = 0$，$\overline{LD} = CP_U = 1$，CP_D 接单次脉冲源. 参照③进行实验.

（3）如图 24-3 所示，用两片 CC40192 组成两位十进制加法计数器，输入 1 Hz 连续计数脉冲，进行由 00～99 累加计数，并记录之.

（4）将两位十进制加法计数器改为两位十进制减法计数器，实现由 99～00 递减计数，并记录之.

（5）按图 24-4 电路进行实验，并记录之.

(6) 按图 24‑5,或图 24‑6 电路进行实验,并记录之.

(7) 设计一个数字钟移位 60 进制计数器并进行实验.

五、实验报告要求

(1) 画出实验线路图,记录、整理实验现象及实验所得的有关波形.对实验结果进行分析.

(2) 总结使用集成计数器的体会.

六、实验思考题

用中规模集成计数器构成 N 进制计数器的方法有哪几种? 各有什么特点?

实验二十五　智力竞赛抢答装置

一、实验目的

（1）学习数字电路中 D 触发器、分频电路、多谐振荡器、CP 时钟脉冲源等单元电路的综合运用.

（2）熟悉智力竞赛抢赛器的工作原理.

（3）了解简单数字系统实验、调试及故障排除方法.

二、实验设备

序号	名称	数量	备注
1	数字电路实验装置	1	
2	示波器	1	
3	万用表	1	
4	数字频率计	1	

三、实验原理

图 25-1 为供四人用的智力竞赛抢答装置线路，用以判断抢答优先权.

图中 F_1 为四 D 触发器 74LS175，它具有公共置 0 端和公共 CP 端；F_2 为双 4 输入与非门 74LS20；F_3 是由 74LS00 组成的多谐振荡器；F_4 是由 74LS74 组成的四分频电路.F_3，F_4 组成抢答电路中的 CP 时钟脉冲源.抢答开始时，由主持人清除信号，按下复位开关 S，74LS175 的输出 $Q_1 \sim Q_4$ 全为 0，所有发光二极管 LED 均熄灭，当主持人宣布"抢答开始"后，首先作出判断的参赛者立即按下开关，对应的发光二极管点亮，同时，通过与非门 F_2 送出信号锁住其余三个抢答者的电路，不再接受其他信号，直到主持人再次清除信号为止.

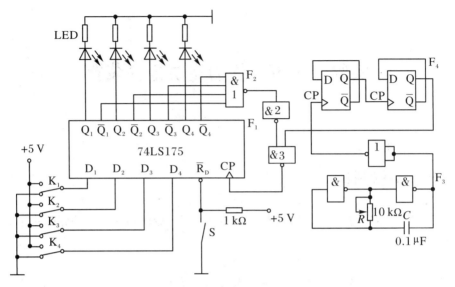

图 25 - 1　智力竞赛抢答装置原理图

四、实验内容

(1) 测试各触发器及各逻辑门的逻辑功能.

试测方法参照实验二十一及实验二十三有关内容,判断器件的好坏.

(2) 按图 25 - 1 接线,抢答器上的五个开关接实验装置上的逻辑开关,发光二极管接逻辑电平显示器.

(3) 断开抢答器电路中 CP 脉冲源电路,单独对多谐振荡器 F_3 及分频器 F_4 进行调试,调整多谐振荡器 10 kΩ 电位器,使其输出脉冲频率约为 4 kHz,观察 F_3 及 F_4 输出波形及测试其频率.

(4) 测试抢答器电路功能

接通 +5 V 电源,CP 端接实验装置上连续脉冲源,取重复频率约 1 kHz.

① 抢答开始前,开关 K_1,K_2,K_3,K_4 均置"0",准备抢答,将开关 S 置"0",发光二极管全熄灭,再将 S 置"1".抢答开始,K_1,K_2,K_3,K_4 某一开关置"1",观察发光二极管的亮、灭情况,然后再将其他三个开关中任一个置"1",观察发光二极的亮、灭是否改变.

② 重复①的内容,改变 K_1,K_2,K_3,K_4 任一个开关状态,观察抢答器的工作情况.

③ 整体测试.

断开实验装置上的连续脉冲源,接入 F_3 及 F_4,再进行实验.

五、实验报告要求

(1) 分析智力竞赛抢答装置各部分功能及工作原理.

(2) 总结数字系统的设计、调试方法.

(3) 分析实验中出现的故障及其解决办法.

六、实验思考题

若在图 25-1 电路中加一个计时功能,要求计时电路显示时间精确到秒,最多限时 2 分钟,一旦超出限时,则取消抢答权,电路该如何改进?

实验二十六 编码器及其应用(仿真)

一、实验目的

(1) 学习 EWB 仿真软件在数字集成电路中的使用方法.
(2) 掌握虚拟数字仪器的使用.
(3) 加深理解编码器的逻辑功能.

二、实验设备

序号	名称	数量	备注
1	计算机	1	
2	EWB 5.0 C 软件	1	

三、实验原理

启动 EWB 5.0 可以看到,EWB 主窗口由菜单栏、工具栏、元器件库区、电路设计区、电路描述窗口、状态栏和暂停按钮、启动/停止开关组成.EWB 模仿了一个实际的电子工作台,其中最大的区域是电路设计区,在这里可以进行电路的创建、测试和分析,元器件库提供了非常丰富的元器件和各种常用测试仪器,设计电路时,只要单击所需元器件库的图标即可打开该库.

(一) 8 线-3 线二进制编码器功能测试

(1) 表 26-1 是 8 线-3 线二进制编码器的真值表,根据此真值表写出各输出逻辑函数的表达式,在 EWB 的电路设计区创建用"或门"实现的逻辑图.

表 26 - 1　8 线- 3 线二进制编码器真值表

输入								输出		
A_7	A_6	A_5	A_4	A_3	A_2	A_1	A_0	Y_2	Y_1	Y_0
0	0	0	0	0	0	0	1	0	0	0
0	0	0	0	0	0	1	0	0	0	1
0	0	0	0	0	1	0	0	0	1	0
0	0	0	0	1	0	0	0	0	1	1
0	0	0	1	0	0	0	0	1	0	0
0	0	1	0	0	0	0	0	1	0	1
0	1	0	0	0	0	0	0	1	1	0
1	0	0	0	0	0	0	0	1	1	1

(2) 从仪器库中选择字信号发生器,将图标下沿的输出端口连接到电路的输入端,打开面板,按照真值表中输入的要求,编辑字信号并进行其他参数的设置.

(3) 从仪器库中选择逻辑分析仪,将图标左边的输入端口连接到电路的输出端,打开面板,进行必要合理的设置.

(4) 从指示元件库中选择彩色指示灯,接至电路输出端.

(5) 单击字信号发生器"Step"(单步)输出方式,记录彩色指示灯的状态(亮代表"1",暗代表"0").记录逻辑分析仪所示波形并与真值表进行比较.

(二)编码器的应用

(1) 从数字集成电路库中选择 74LS148 优先编码器,按"F1"键了解该集成电路的功能.(74LS148 在 EWB 中的型号是 74148.)

(2) 用 74LS148 和门电路,设计一个呼叫系统,要求有 1~5 号五个呼叫信号,分别用五个开关输出信号,1 号优先级最高,5 号最低.用指示器件库中的译码数码管显示呼叫信号的号码,没有呼叫信号时显示"0",有一个呼叫信号时,显示该呼叫信号的号码,有多个呼叫信号时,显示优先级最高的号码.

四、实验内容

(1) 在 EWB 软件环境中测试 8 线- 3 线编码器的逻辑功能.

(2) 利用 74LS148 设计一个呼叫系统,并验证其功能.

五、实验报告要求

(1) 整理 8 线-3 线二进制编码器的测试结果,说明电路的逻辑功能.

(2) 绘出用 74LS148 构成的呼叫系统的电路图,阐述设计原理.

(3) 依据仿真结果,总结实验体会.

参 考 文 献

[1] 吕承启,林其斌.电子技术基础实验[M].合肥:中国科学技术大学出版社,2008.

[2] 秦曾辉.电工学[M].5版.北京:高等教育出版社,1998.

[3] 任永益.电工技术[M].长沙:国防科技大学出版社,1993.

[4] 李立.电工学实验指导[M].北京:高等教育出版社,2005.

[5] 李瀚荪.电路分析基础[M].3版.北京:高等教育出版社,1993.

[6] 邱关源.电路[M].3版.北京:高等教育出版社,1989.

[7] 陈永庆.数字电路基础[M].北京:清华大学出版社,2010.

[8] 林红.模拟电路基础[M].3版.北京:清华大学出版社,2011.